邱佩芬　张佩华　崔运花　编著

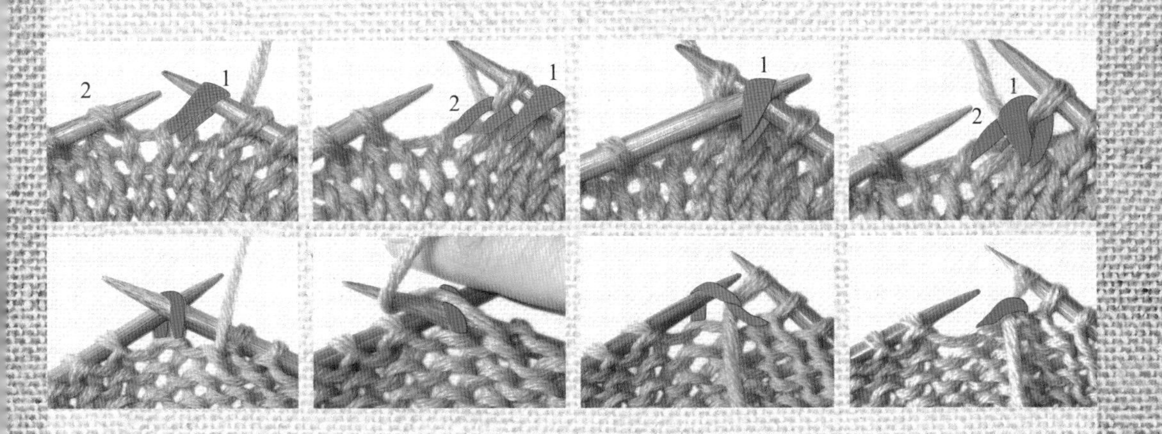

中国纺织出版社

内容提要

棒针的各种基本针法，起针、收针方法，加针、减针方法，领口、肩缝、侧缝的缝合方法，开纽孔的方法，开直插袋和斜插袋的方法，藏匿线头的方法……从入门开始，从简单着手，不仅有清晰的步骤图示，还辅以详细的文字解说，使读者轻松享受棒针编织的乐趣。特别是以披肩、帽子、上衣等款式为例，从简单的起针开始，以详细的步骤图示范基础织法，配以简洁明了的编织图，再加上详细的编织要点，使初学者可以轻松体验编织的成功。

图书在版编目（CIP）数据

棒针编织基础 / 邱佩芬，张佩华，崔运花编著. -- 北京：中国纺织出版社，2018.4（2023.1重印）

ISBN 978-7-5180-4125-1

Ⅰ. ①棒… Ⅱ. ①邱…②张…③崔… Ⅲ. ①毛衣针—绒线—编织—图解 Ⅳ. ① TS935.522-64

中国版本图书馆 CIP 数据核字（2017）第 241458 号

策划编辑：孔会云　　责任编辑：孔会云　　责任校对：楼旭红

责任印制：何　建

中国纺织出版社出版发行

地址：北京市朝阳区百子湾东里 A407 号楼　邮政编码：100124

销售电话：010 — 67004422　传真：010 — 87155801

http://www.c-textilep.com

中国纺织出版社天猫旗舰店

官方微博 http://weibo.com/2119887771

天津千鹤文化传播有限公司印刷　各地新华书店经销

2018 年 4 月第 1 版　2023 年 1 月第 8 次印刷

开本：710 × 1000　1/16　印张：7.25

字数：87 千字　定价：29.80 元

前 言

棒针编织衫延伸性大 、弹性好，能紧贴人体，又不妨碍运动，且具有良好的柔软性，穿着舒适，服用性能优良，可作为内、外衣和工艺衫，并日益外衣化、时装化、个性化、流行化，深受人们喜爱。

随着时代的发展，棒针编织品已不仅仅是一种具有服用功能的产品，它更是一种工艺品，不但包含着智慧的设计过程、辛勤的手工编织过程，而且处处体现着对“美”的追求和阐释。

本书以最基本的操作技能为基础，介绍了棒针编织品的设计（包括款式设计、规格设计、组织结构设计、色彩设计、工艺设计）及操作技能、技巧，并以实例形式介绍了目前流行的棒针手编服饰，富含创意，很有个性。具体特点如下：

❶ 重基础，对基本针法有详细的文字和图示说明，突出了织物的性能特点。

❷ 款式新颖，效果图绚丽多彩，可满足人们对美的追求。

❸ 通俗的文字说明和清晰的编织结构和工艺图，能让读者轻松地仿制编织。

衷心希望通过本书，使更多热爱编织的人学有所成、学有所用，不断拓展设计思路，以丰富的想象和创意设计编织出更多赏心悦目的棒针编织品，创造美，享受美。

编著者

2018年3月

目录
CONTENTS

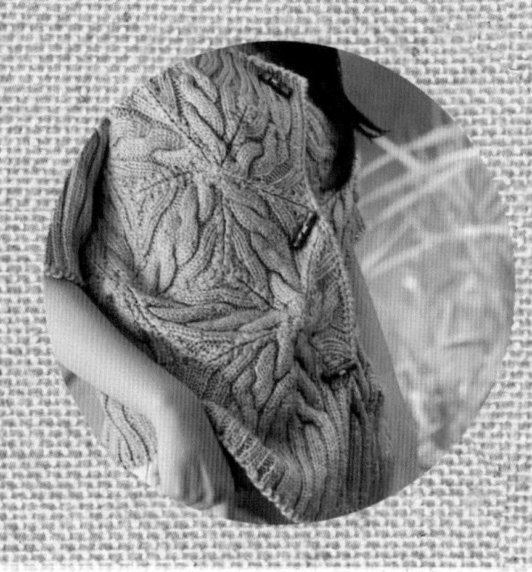

棒针编织衫的缝合方法

棒针开直插袋和斜插袋的方法

棒针开衫门襟开纽孔的方法

棒针编织横条换线的方法

棒针提花方法

子球编织方法

棒针款式实例

棒针款式实例编织方法

编织衫产品规格测量方法

怎样选择合适的棒针

手工棒针要求针杆直、材料光滑，可以是金属、塑料、竹等各种有一定刚度的材料制成。一般长度为20~40cm，横截面直径为1～10mm，可根据编织线的粗细、编织品的松紧要求来选择不同规格的棒针。通常较粗的纱线选粗一些的棒针，较细的纱线则选细一些的棒针。

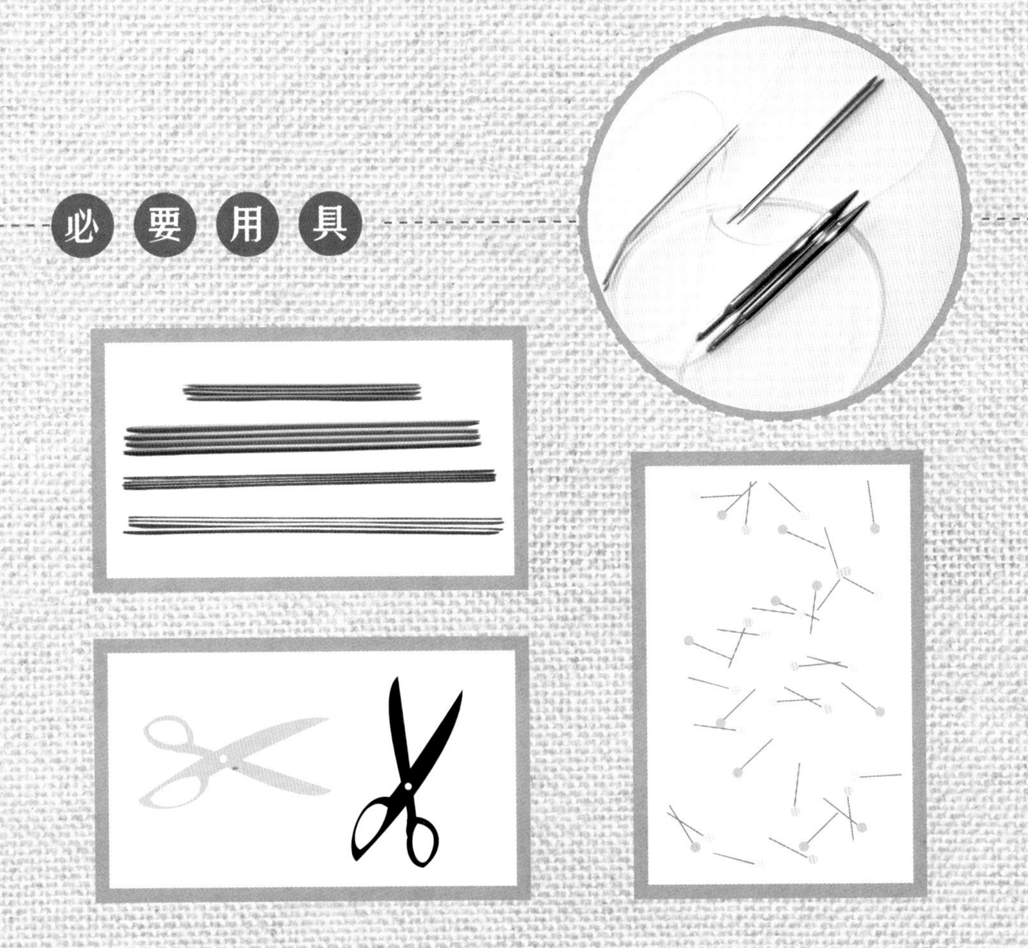

怎样选用棒针编织线

编织线的品种

常用的编织线有羊毛纱线、马海毛纱线、腈纶纱线、粘胶线（人造丝、亮丝）、花式纱线（闪色绒线、珍珠绒线、圈圈绒线、链条绒线、段染线、金属丝线）、真丝、麻类纱线、混纺纱线等。

通常，编织线有特粗、粗、中粗和细毛线之分。一般均为股线，有2股、4股甚至多股线，也可以在编织中根据需要将不同的线多股合成1根编织。

各种编织线的特点

❶ 羊毛纱线：通常是精纺绵羊毛纱，用它编织的产品弹性好、挺括、针路清晰，水洗后表面有一层短密的绒毛，既保暖又美观。洗涤时水温一般在30~50℃，用中性洗涤剂。洗涤后可用熨斗熨压和整形，温度在135~145℃，要有蒸汽，熨斗不要直接接触织物，最好加垫布和撑板。不宜用衣架挂晾。收藏时，加适量的防虫剂和干燥剂，然后加塑料袋密封，否则受潮后容易发霉和虫蛀。

❷ 马海毛纱线：具有特殊的波浪弯曲，十分光滑，有明亮的光泽，弹性好，手感软中有骨，编织产品经水洗处理，能充分体现其纤维的独特风格，属高档产品。

❸ 腈纶纱线：色彩鲜艳、保暖性好、比羊毛轻，强度比羊毛好，耐光性好、抗霉防蛀，但易起毛起球，易产生静电而吸附灰尘。

❹ 粘胶线：又称人造丝、亮丝，光滑、耐热，弹性、保暖性较差。是夏季服饰编织常用的编织线。

❺ 花式纱线：可形成各种表面效果，如闪光、结子状、链条状、圈圈状、颜色逐渐变化状等效果。

❻ 真丝、麻类纱线：编织的产品穿着凉爽、富有光泽，高雅美观。

❼ 混纺纱线：常用的有羊毛/腈纶、兔毛/腈纶、兔毛/羊毛、羊绒/羊毛/锦纶、羊毛/麻、兔毛/麻、棉/麻纱线等。

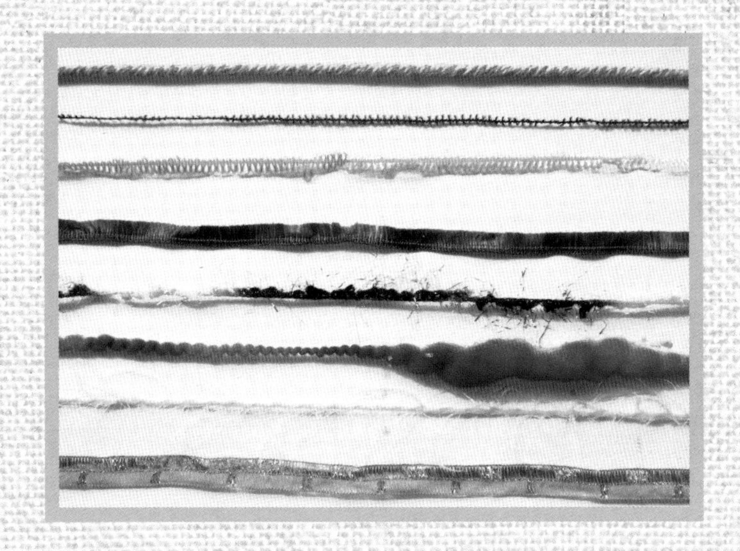

识别不同编织线的方法

|燃烧法|

|羊毛|

燃烧速度不快，有时自行熄灭，燃烧时有烧毛发的臭味，燃烧生成黑色块、粒状，易碎后呈粉状、微粒。

|腈纶|

一面燃烧，一面熔融，火焰呈白色，明亮有力，有时略带黑烟，燃烧时有腥味，燃烧后呈脆而硬的黑色圆球。

|棉|麻|粘胶纤维|

燃烧速度较快，能自动蔓延，有烧纸气味，剩余物为灰烬（粘胶纤维）或白色粉末（棉、麻）。

|手感|

用手紧紧握住，松手后羊毛线复原快，腈纶线在手上有静电感。

|看表面|

羊毛线从毛茸上看有长短，腈纶线则整齐划一。

|掂分量|

纯羊毛线较重，腈纶线较轻。

|从颜色上看|

纯羊毛线颜色暗，腈纶线颜色鲜艳、光亮。

棒针基本针法

上下针编织法

下针

1 右棒针从前往后插入左棒针第1个线圈中。

2 用右食指将线带向右棒针头，线从下向上在右棒针上绕1圈。

3 用右棒针将绕在上面的线从线圈中挑出。

4 从该线圈中抽出左棒针，形成新线圈。

上针

1 右棒针从后往前插入左棒针第1个线圈中。

2 用右食指将线带向右棒针头，将线从下向上在右棒针上绕1圈。

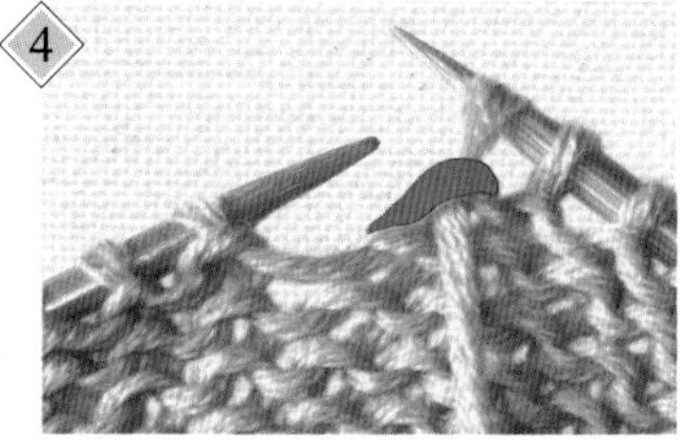

3 将绕在上面的线从线圈中穿出。

4 从该线圈中抽出左棒针，形成新线圈。

下针合并针编织法

下针拨收 1 针

1 用右棒针向下插入左棒针上的第 1 个线圈上，将该线圈拨到右棒针上。

2 右棒针插入左棒针第 2 个线圈，编织成 1 针下针。

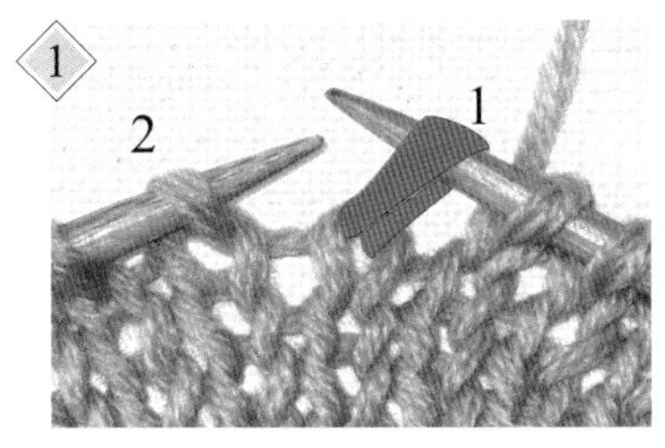

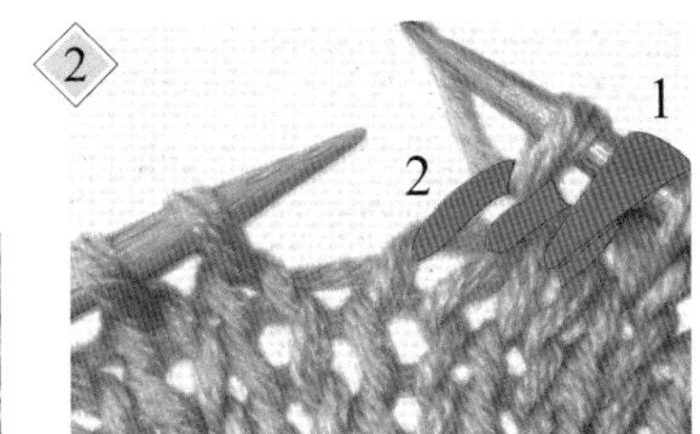

3 左棒针插入右棒针刚拨下的线圈中。

4 将拨下的线圈翻压在刚编织的线圈上，形成右线圈在上的 2 针并 1 针的效果。

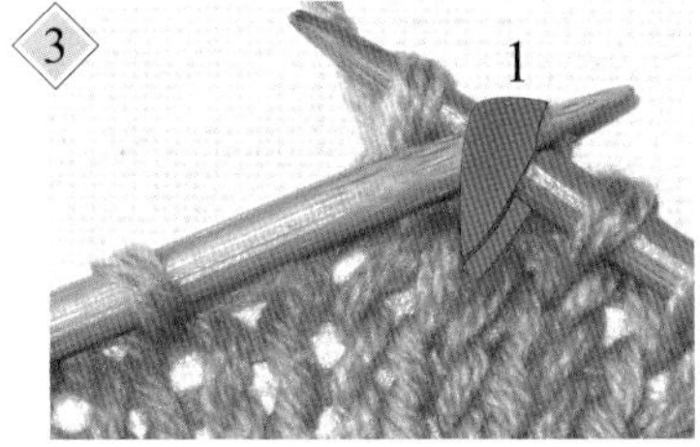

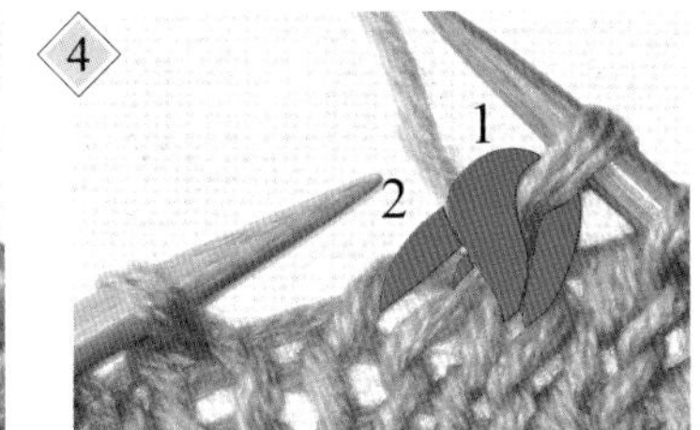

下针 2 针并 1 针

1 右棒针由前往后从左棒针第 2 个线圈插入，并继续插入第 1 个线圈中。

2 将线从下向上在右棒针上绕 1 圈。

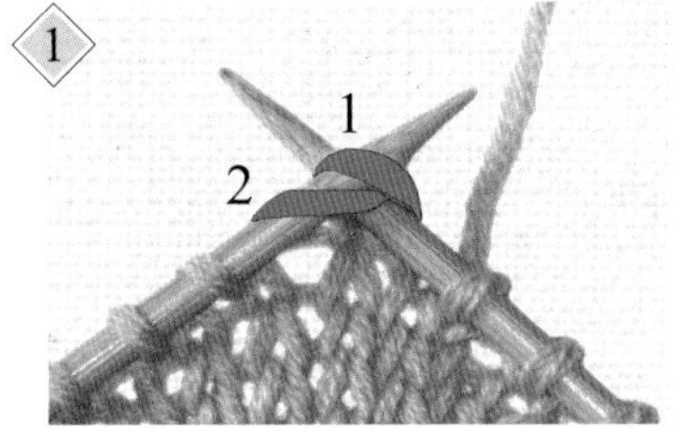

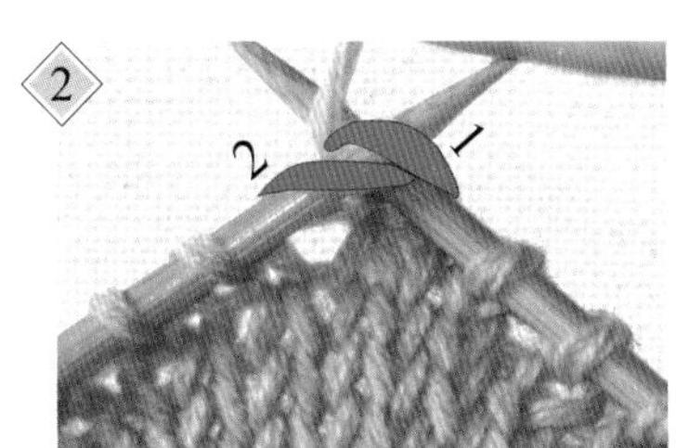

3 用右棒针将绕在上面的线从 2 个线圈中穿出。

4 将左棒针从线圈中抽出，形成 1 个新线圈。

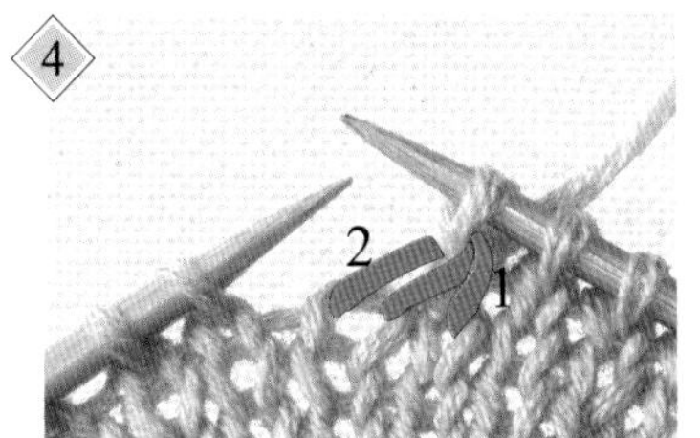

下针左上3针并1针

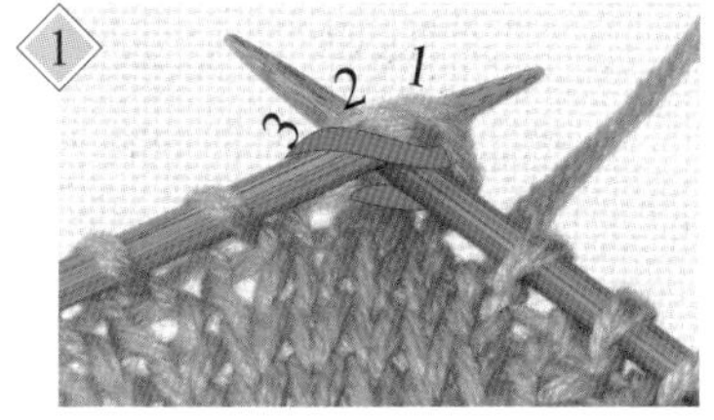

1 右棒针由前往后依次插入左棒针第3、第2、第1三个线圈中。

2 将线从下向上在右棒针上绕1圈。

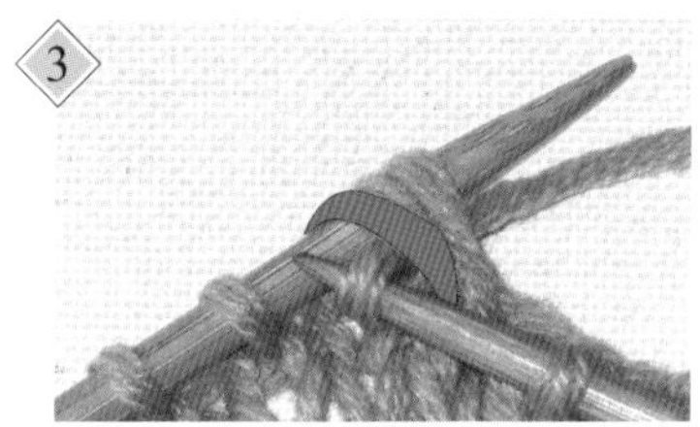

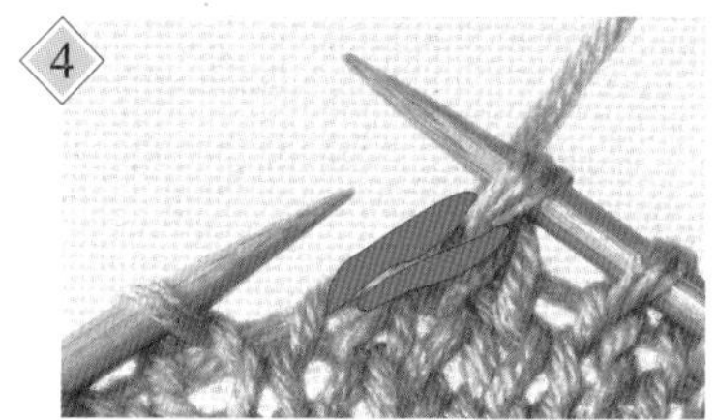

3 用右棒针将绕在上面的线从3个线圈中穿出。

4 将左棒针从线圈中抽出，形成1个新线圈。

下针中上3针并1针

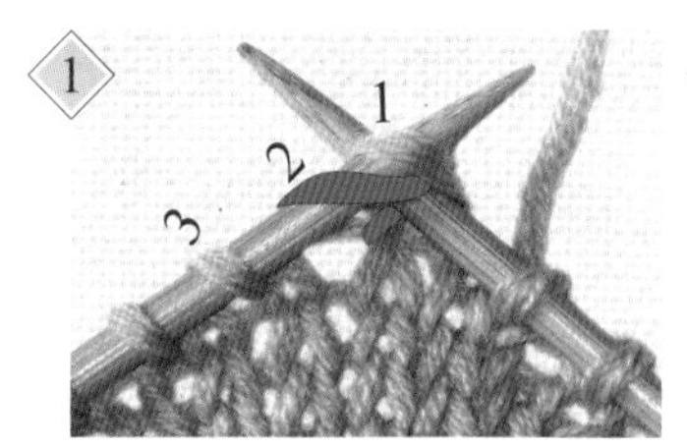

1 将右棒针由前往后依次插入左棒针第2、第1两个线圈中。

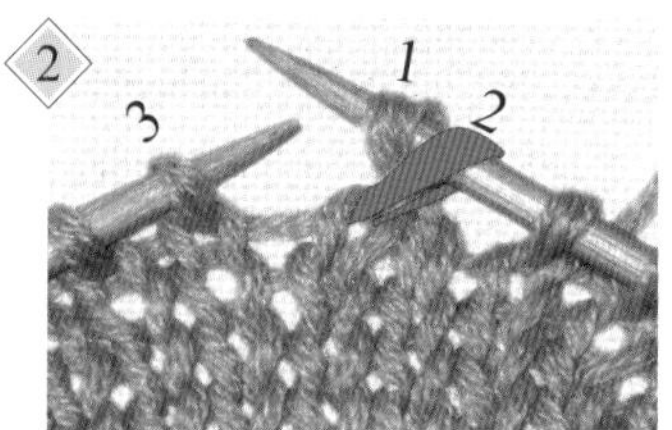

2 将这2个线圈一起拨到右棒针上。

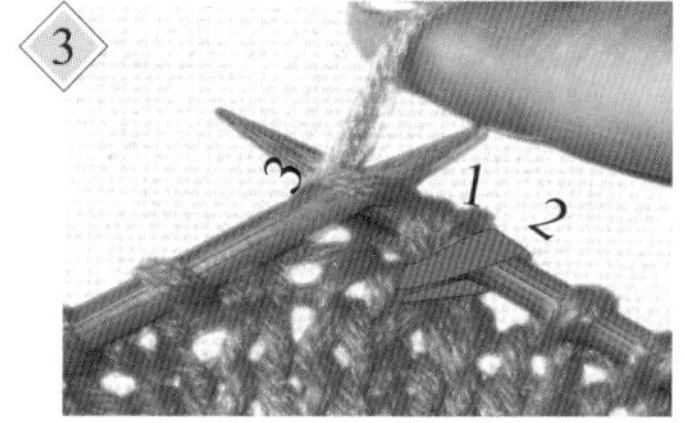

3 将右棒针插入左棒针上的第3个线圈，将线在右棒针上绕1圈。

4 将线从该线圈中穿出，编织成1针下针。

5 将左棒针插入右棒针刚拨下的2个线圈中。

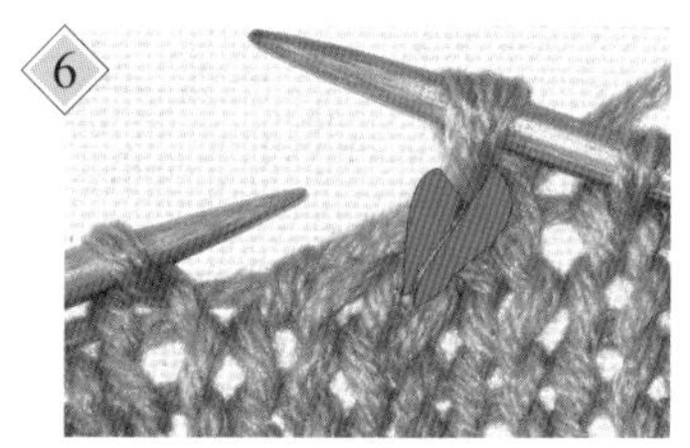

6 拨下这2个线圈翻压在刚编织的线圈上面，形成中间线圈在上的3针并1针的效果。

下针右上3针并1针

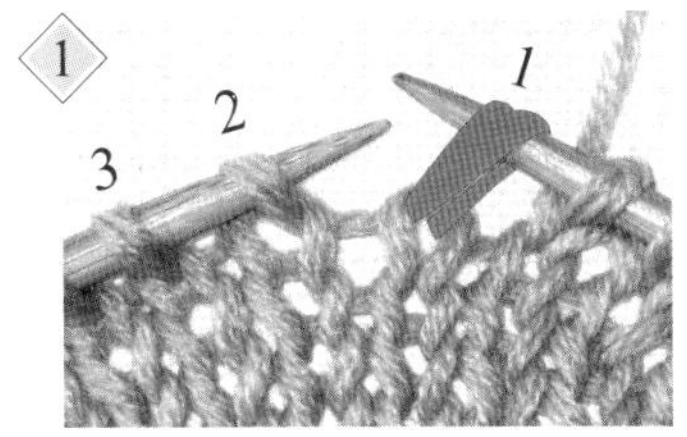

1 将右棒针向下插入左棒针第1个线圈，将该线圈拨到右棒针上。

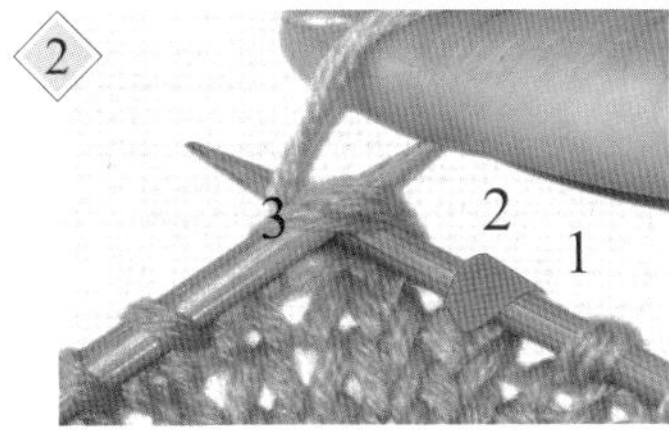

2 将右棒针依次插入左棒针的第3、第2两个线圈中，将线在右棒针上绕1圈。

3 再将线从2个线圈中穿过，形成下针2针并1针的效果。

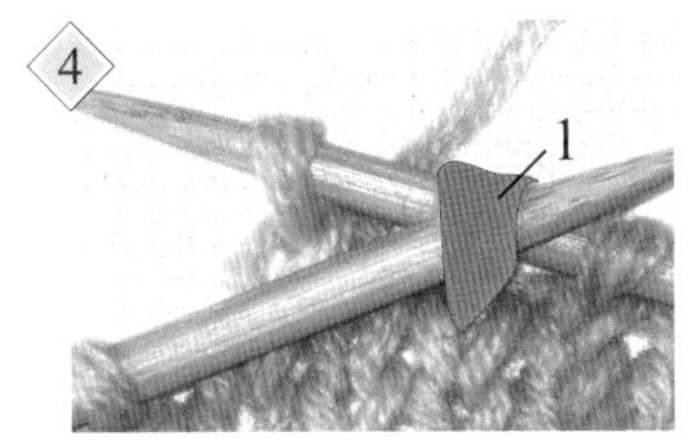

4 将左棒针插入右棒针刚拨下的第1针上。

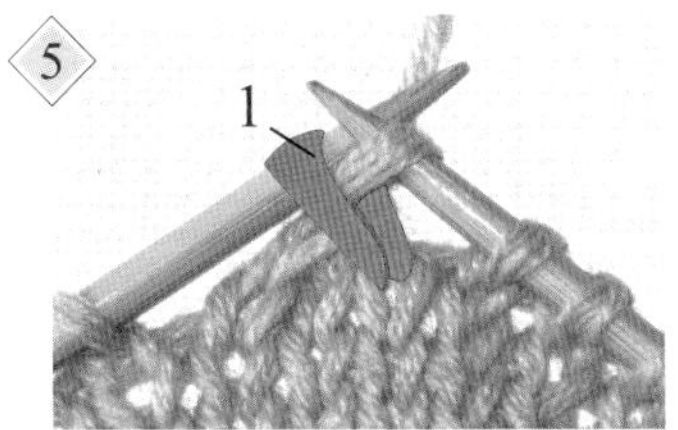

5 将第1针线圈翻压在刚织好的下针上面。

6 抽出左棒针，形成右线圈在上的3针并1针的效果。

上针合并针编织法

上针拨收1针

1 将右棒针的第2个线圈和第1个线圈交换位置。

2 使第2个线圈放在第1个线圈前面。

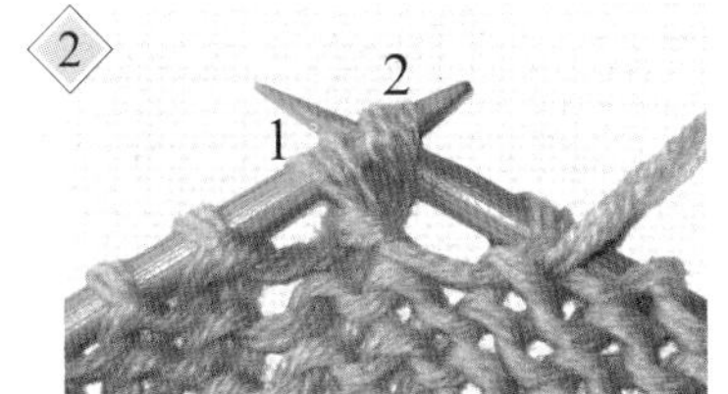

3 右棒针由后往前插入这2个线圈中，将线在右棒针上绕1圈。

4 将线从2个线圈中穿出，抽出左棒针，形成2针并1针的效果。

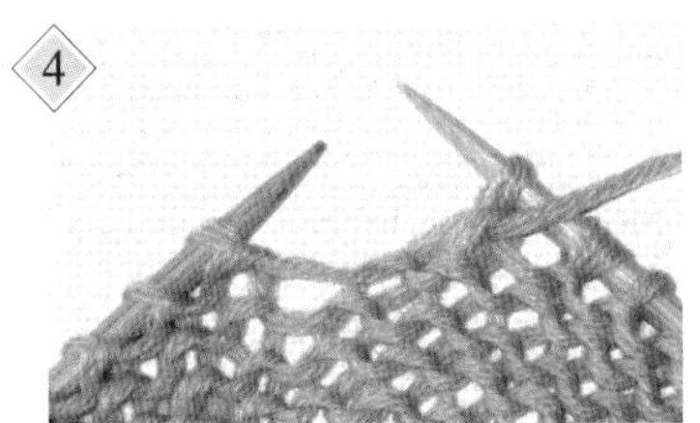

上针 2 针并 1 针

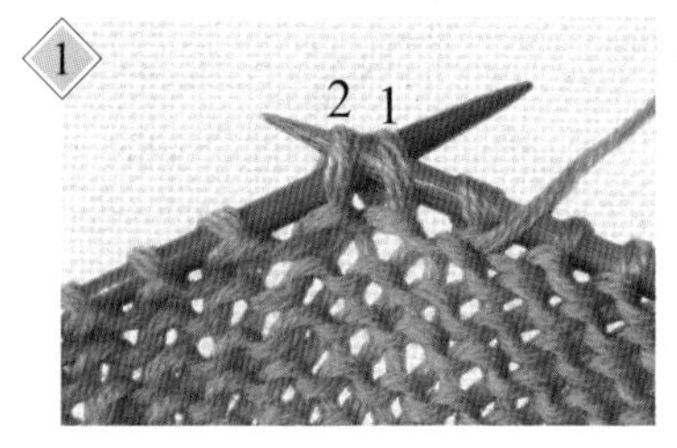

1 将右棒针向上依次插入左棒针第 1、第 2 两个线圈中。
2 将线从下向上在右棒针上绕 1 圈。

3 将线从 2 个线圈中穿出。
4 抽出左棒针，形成 2 针并 1 针的效果。

上针 3 针并 1 针

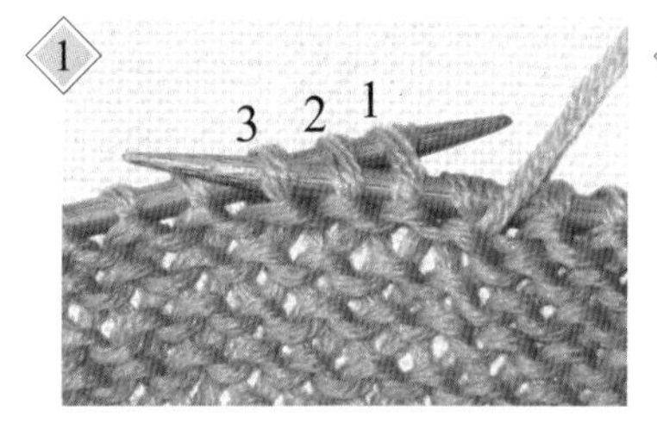

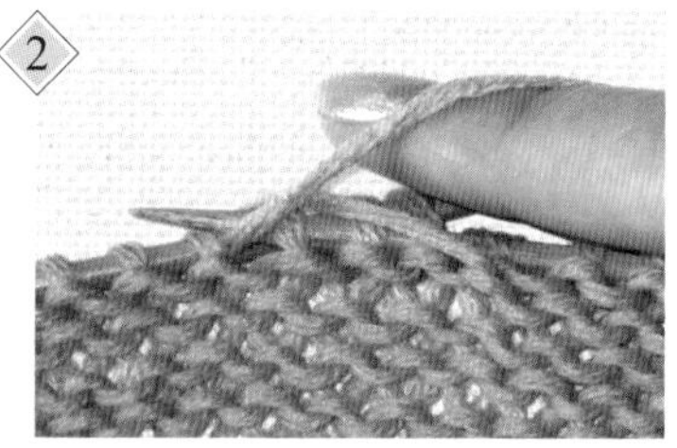

1 将右棒针向上依次插入左棒针第 1、第 2、第 3 三个线圈中。
2 将线从下向上在右棒针上绕 1 圈。

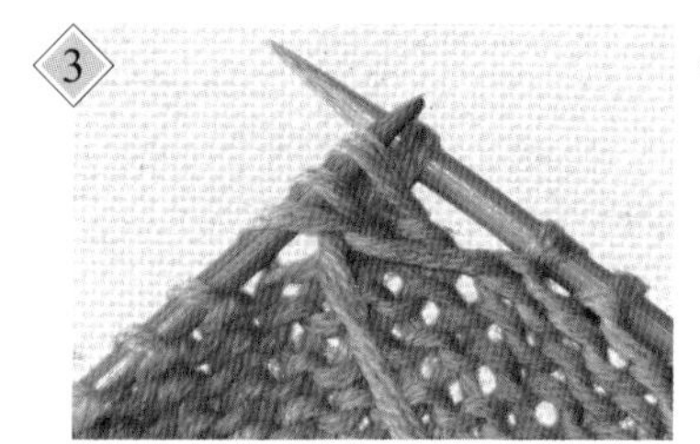

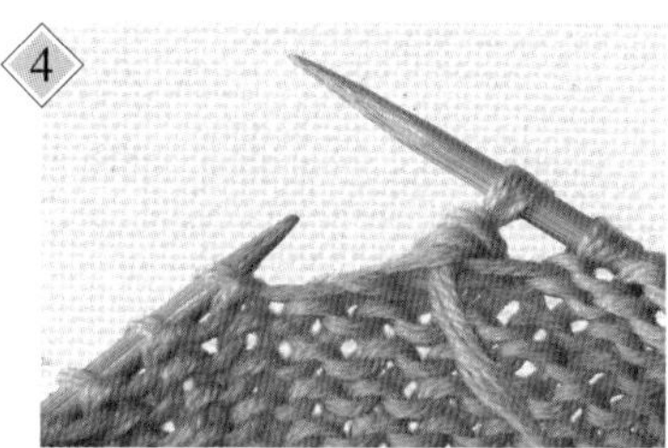

3 将线从 3 个线圈中穿出。
4 抽出左棒针，形成上针 3 针并 1 针的效果。

并放针编织法

放针（1针放3针）

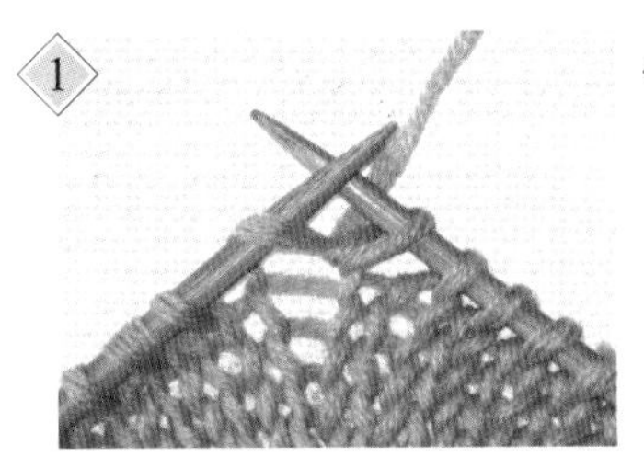

1 将右棒针插入左棒针的第1个线圈中编织1针下针。

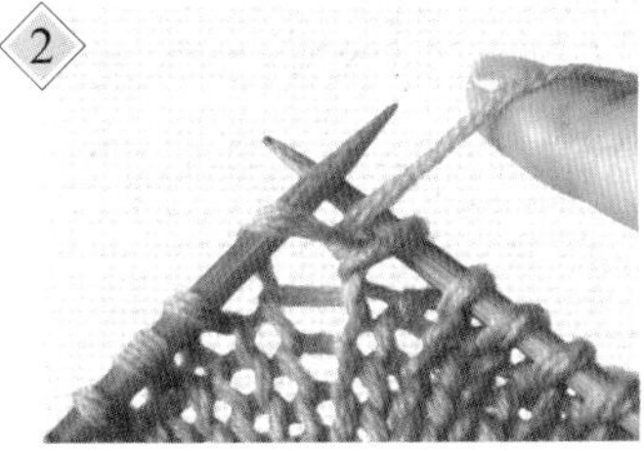

2 将线从下向上在右棒针上绕1圈。

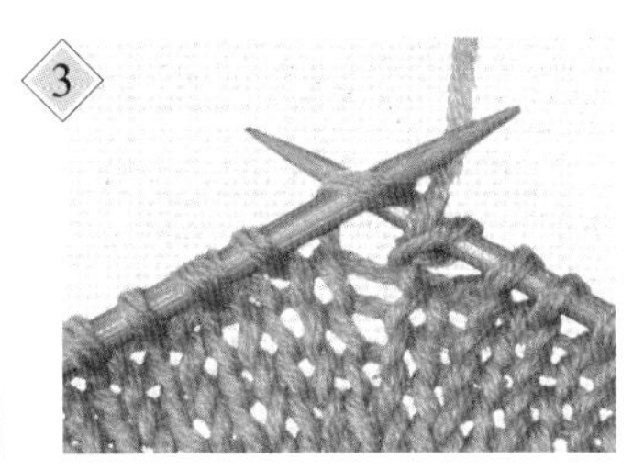

3 再将右棒针插入左线圈中。

4 将线从下向上在右棒针上绕1圈。

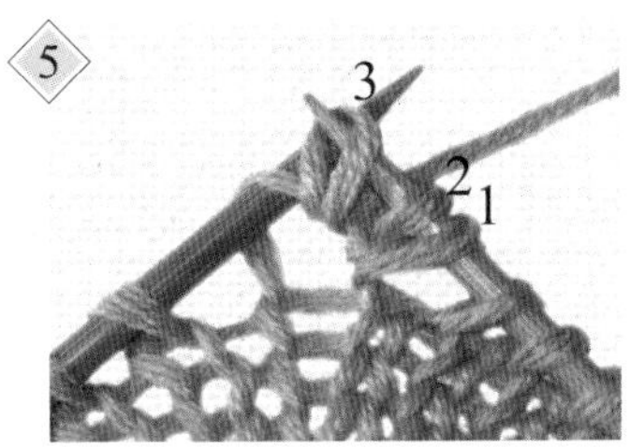

5 带紧编织线，编织线穿出线圈，又形成1针下针。

6 左针抽出形成1针放3针的效果。

小贴士

以上加针方法也可以是1针放5针、1针放7针等。

并放针（并3针放3针）

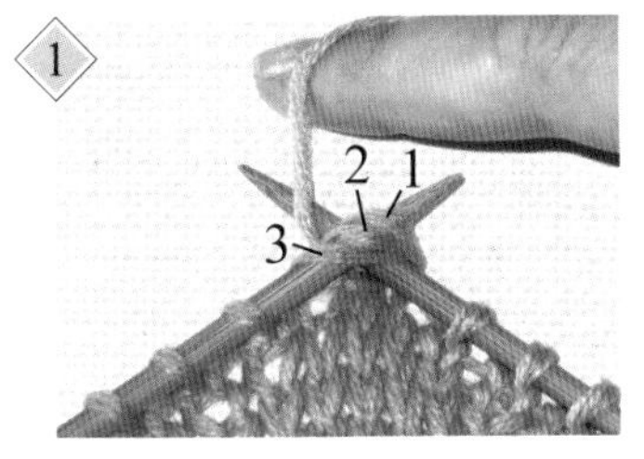

1 将右棒针插入左棒针的第3、第2、第1三个线圈中，将线在右棒针上绕1圈。

2 编织1针下针，左针不要离开线圈。

3 再将线带入右棒针。

4 右棒针再次插入原来的 3 个线圈中。

5 将线在右棒针上绕一圈，再编织 1 针下针。

6 左针抽出，形成并 3 针放 3 针的效果。

小贴士

以上并放针的编织方法也可以是并 5 针放 5 针、并 7 针放 7 针等。

加针编织法

加针

1 编织前，先将线从下往上甩，将右棒针插入左棒针线圈中。

2 将线在右棒针上绕 1 圈。

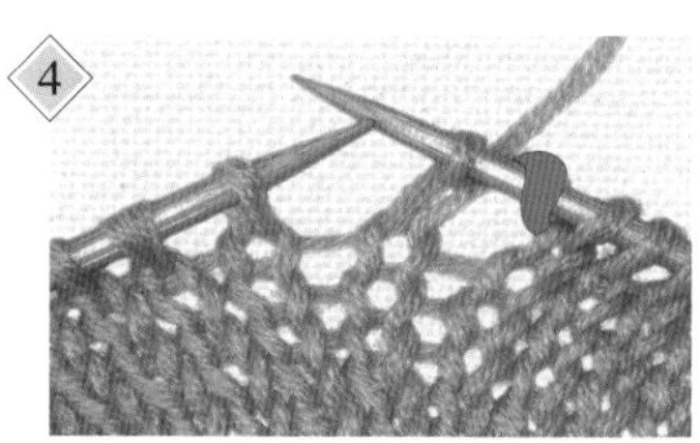

3 编织 1 针下针。

4 甩上的线弧即为加针。

右加针

1 在编织左棒针的第 1 针时，先从这 1 针的前 1 行线圈的右边插入。

2 编织 1 针下针。

3 将右棒针插入原来左棒针上的线圈。
4 编织 1 针下针，形成右加针。

左加针

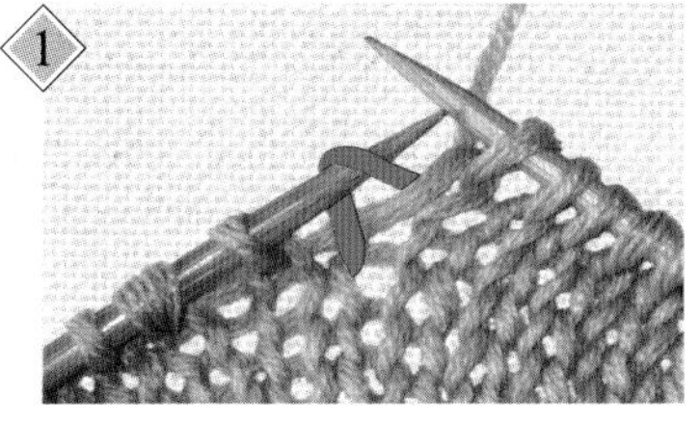

1 左棒针从右棒针刚编织的线圈前 2 行线圈的左边插入。
2 右棒针也插入。

3 带上编织线，编织 1 针下针。
4 形成左加针。

交叉针编织法

右上交叉针

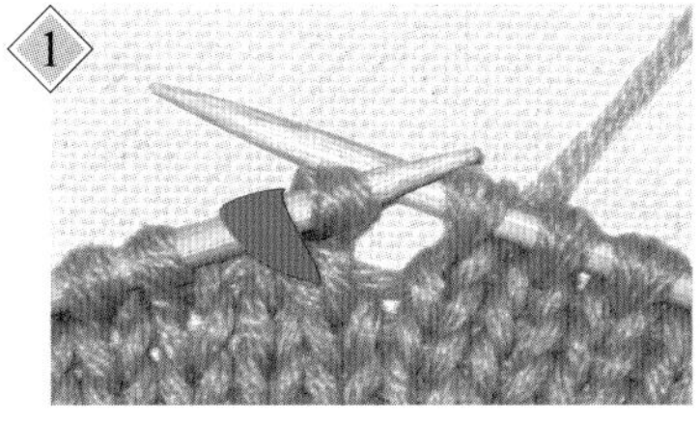

1 将左棒针上的第 1、第 2 针位置交换，而且将右线圈压在左线圈上面。
2 编织 2 针下针即可。

左上交叉针

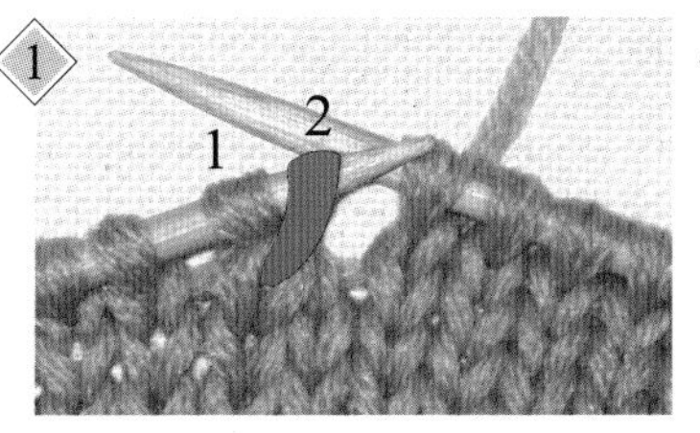

1 将左棒针上的第 1、第 2 针位置交换，而且将左线圈压在右线圈上面。
2 编织 2 针下针即可。

右上交叉套针

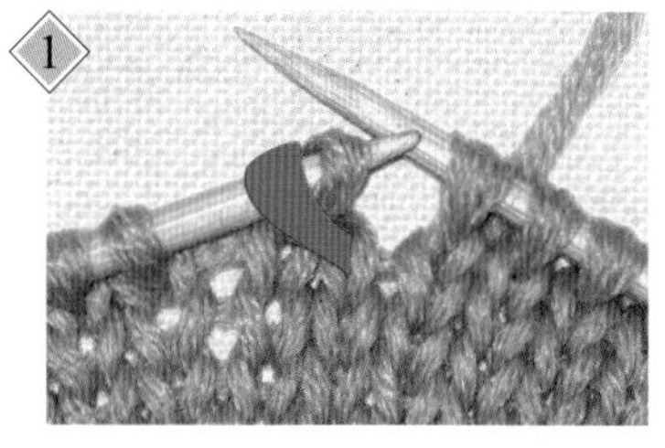

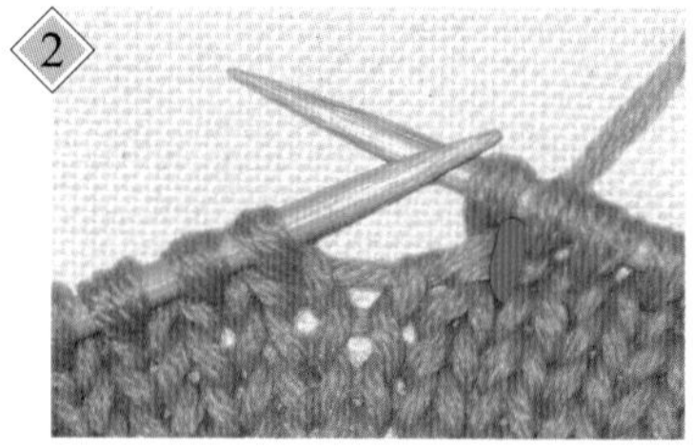

1 将左棒针上左线圈从右线圈中穿出，右线圈套在左线圈外面。
2 编织 2 针下针即可。

左上交叉套针

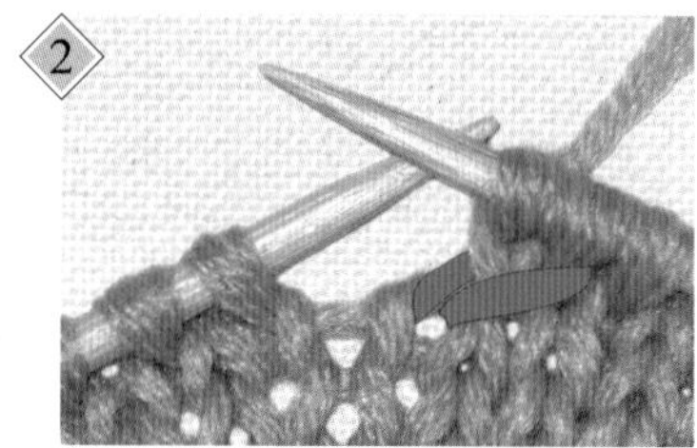

1 将左棒针上右线圈从左线圈中穿出，左线圈套在右线圈外面。
2 编织 2 针下针即可。

小贴士

一般交叉针和交叉套针编织法都为下针，如果符号上还带有上针符号，说明交叉后编织上针。另外，交叉针和交叉套针还有 2 针交叉、3 针交叉及多针交叉，具体视编织符号而定。

花式针编织法

长针或加长针

1 将右棒针插入左线圈中，线在右棒针上绕 2 圈。

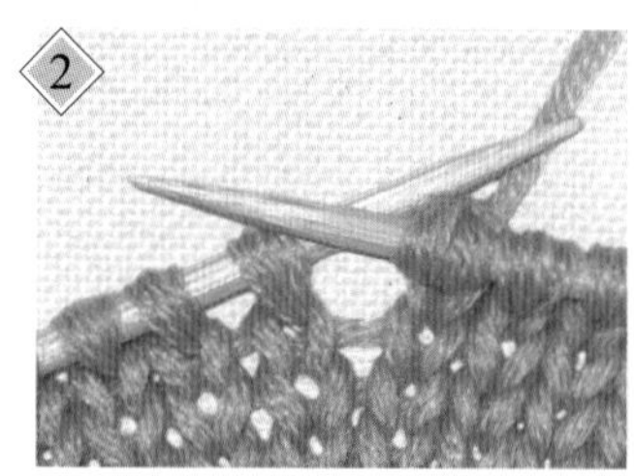

2 然后编织出来，形成长针。

3 在下 1 行编织时，该线圈变长。一般用于多针交叉或多针并放针的前 1 行，这样线圈松，容易编织。

4 在编织下针或上针时，编织完 1 针后绕 2 圈。

5 在下 1 行编织时，该加针线弧较长，称为加长针。

小贴士

长针或加长针视编织结构图的位置来定，绕的圈数可以是 2 圈、3 圈，甚至多圈。

扭针

1 将右棒针从织物后面插入左线圈的左圈柱中。
2 编织后使原线圈扭转了 180° 。

提针

1 用右棒针将前几行的某个线圈上面的圆弧挑起来。
2 将挑起来的线圈放在原线圈前面一起编织。

拉针

1 将棒针插入织物的某行某列的线圈中。
2 编织出 1 个线圈。

3 并拉长到原编织位置。
4 放在原线圈前面一起编结。

挑针

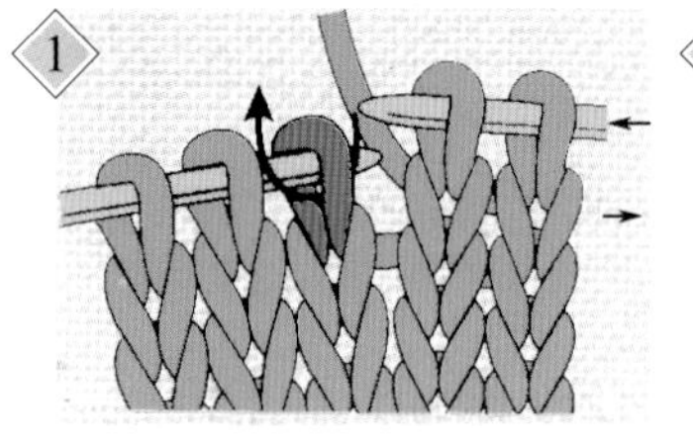

1 编织下针时，将右棒针从编织物后面插入此线圈。

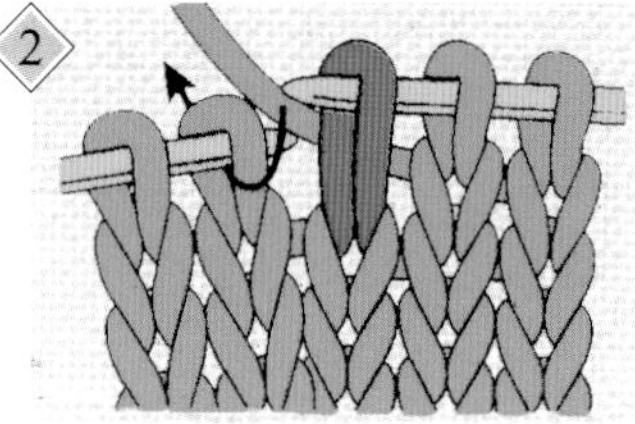

2 挑下不编织，浮线从反面通过。

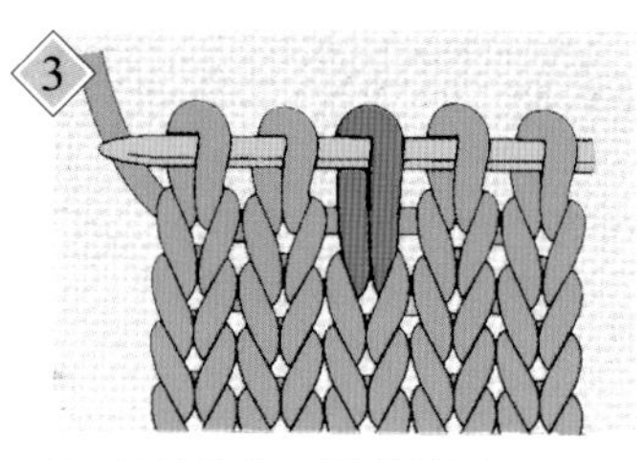

3 继续编织后面的线圈。

浮针

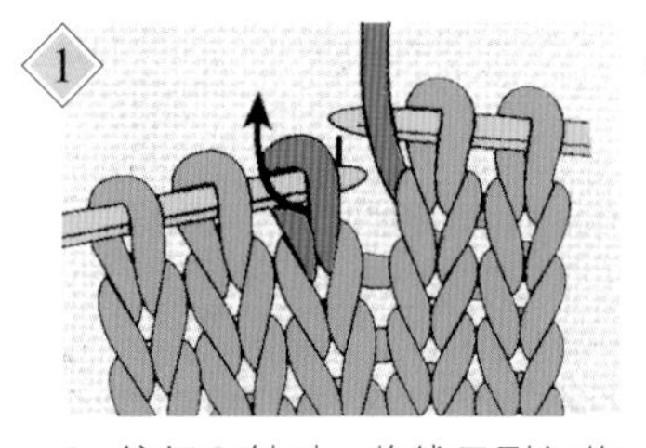

1 编织下针时，将线甩到织物正面。

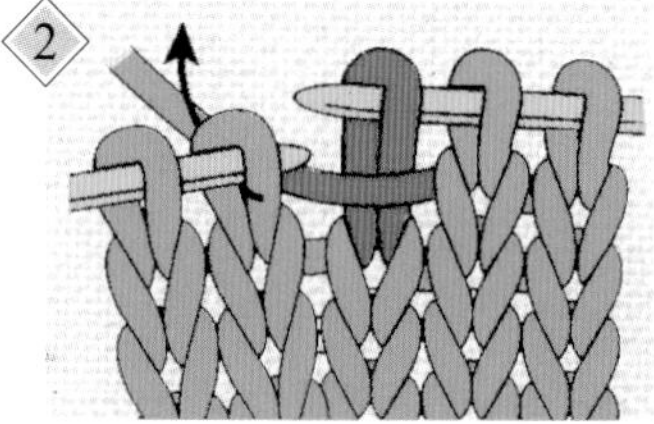

2 将左棒针上的线圈挑到右棒针上，不编织，使浮线从正面通过。

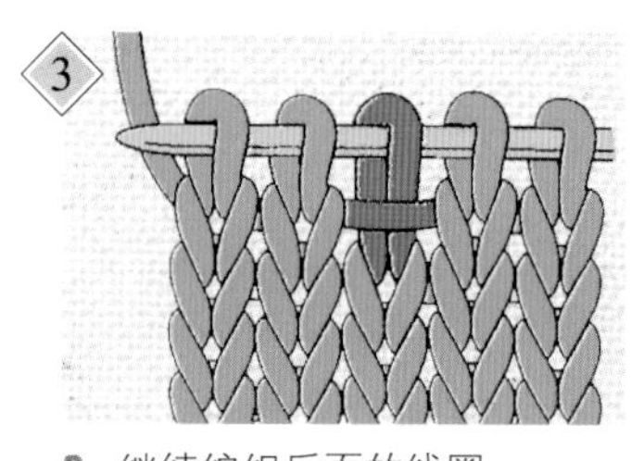

3 继续编织后面的线圈。

滑针

1 将右棒针插入左线圈下面 1 行或多行。
2 将原来编织完的线圈沿线圈纵行脱散到右棒针插入的位置。

3 再将脱散线圈一起进行编织。
4 脱散的线圈形成悬线集在一起。

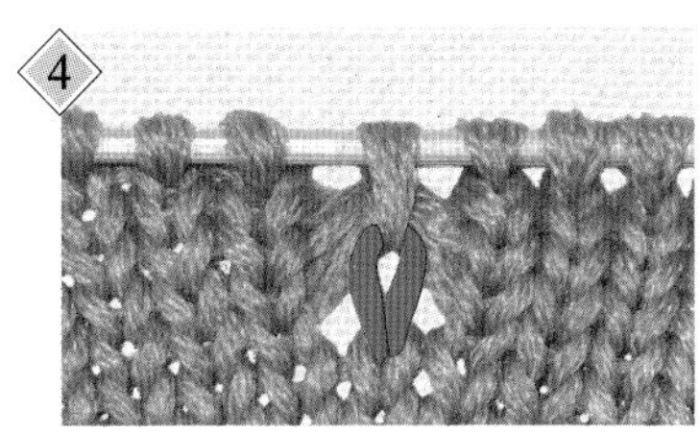

兜针

1 编织好 2 针下针后，将线甩向正面，再将这 2 针移到左棒针上。
2 将线从正面绕过这 2 个线圈到织物后面。

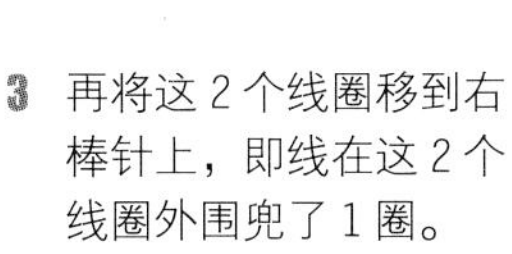
3 再将这 2 个线圈移到右棒针上，即线在这 2 个线圈外围兜了 1 圈。
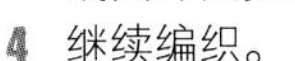
4 继续编织。

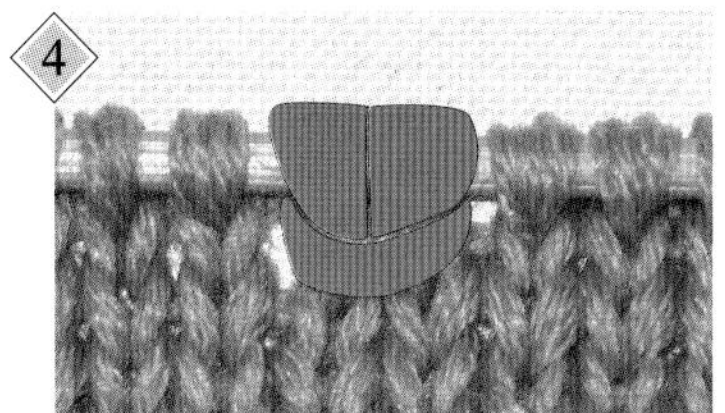

小贴士

兜针也可以用上针编织，针数可以变化，兜的圈数也可改变。

船针

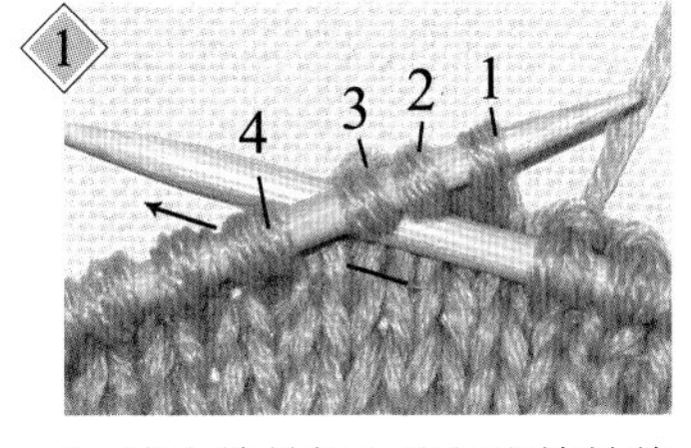

1 将右棒针插入该行左棒针的第 3 针和第 4 针之间。

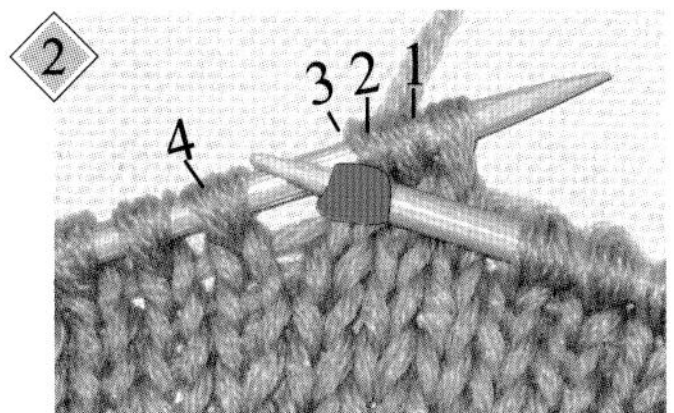

2 编织出 1 针线圈。

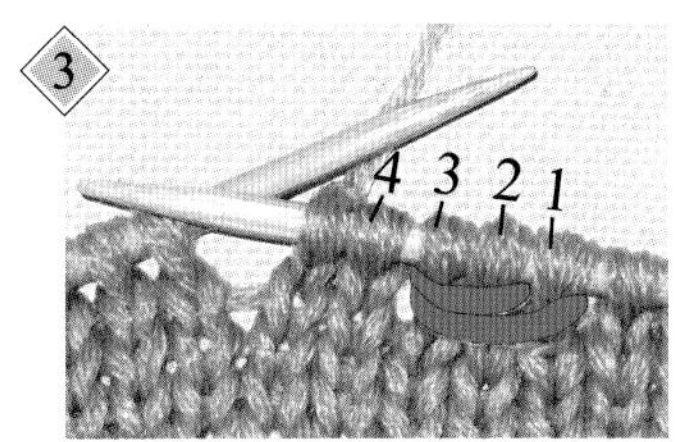

3 并拉长到左棒针第 1 针前，与第 1 针并织，形成船针效果。

小贴士

船针插入的针数可以变化，看符号下针数来定，拉出线圈的方向也可以改变。

棒针起针、收针的方法

上下针起针法

1+1 罗纹起针法（即 1 针下针、1 针上针交替）

1 将编织线打一活结，形成 1 个线圈为边针。

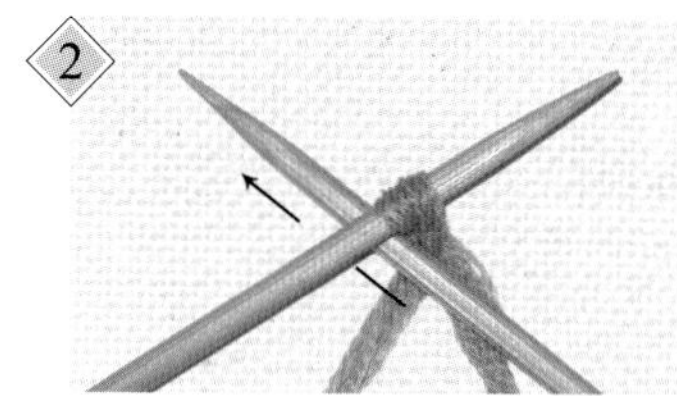

2 将左棒针穿入线圈中，右棒针往下插入线圈左边空档中。

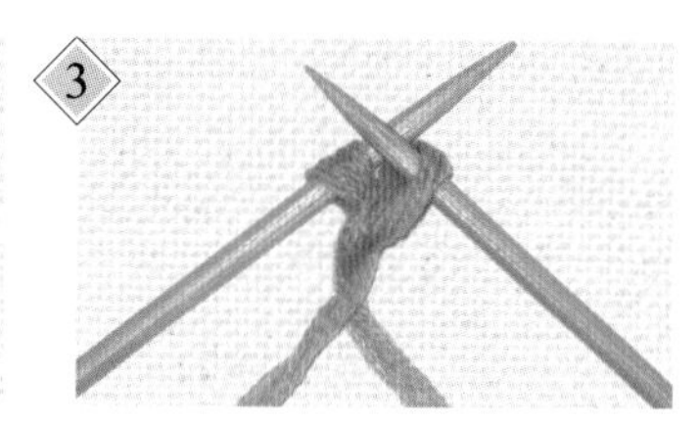

3 编织 1 针下针。

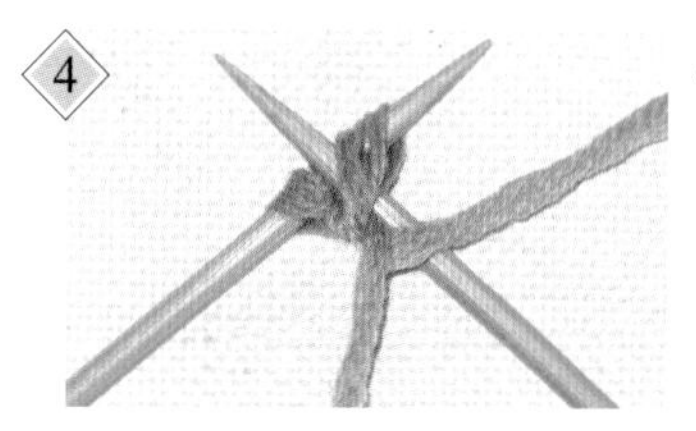

4 将下针线圈套入左棒针上，右棒针往上插入左棒针 2 个线圈间的空档中。

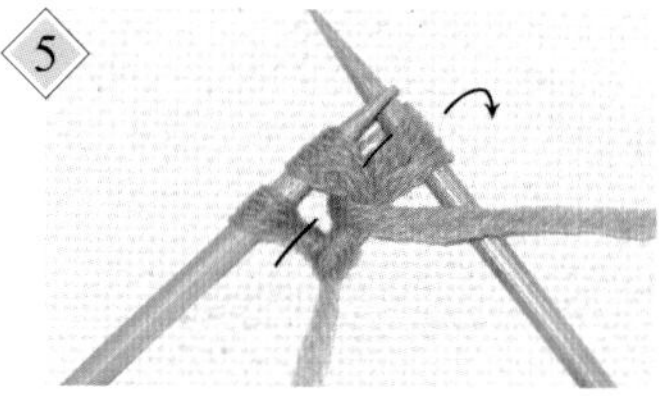

5 编织 1 针上针。

6 将上针线圈套入左棒针上，再将右棒针往下插入左棒针第 2、第 3 个线圈间的空档中编织下针。

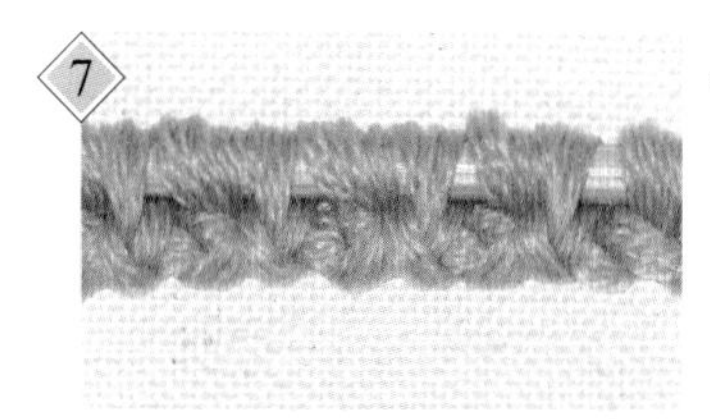

7 重复上下针编织，最后 2 针为 1 针下针、1 针边针。形成 1+1 罗纹起针的底针行。

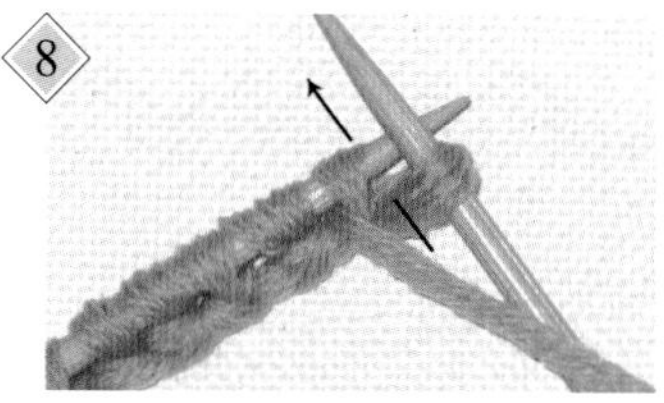

8 换个面，线放在右棒针前面，边针往上挑到右棒针上。

9 然后将线放在右棒针后面，编织 1 针下针。

10 重复上针挑、下针编织到行尾，最后 1 针边针织下针。

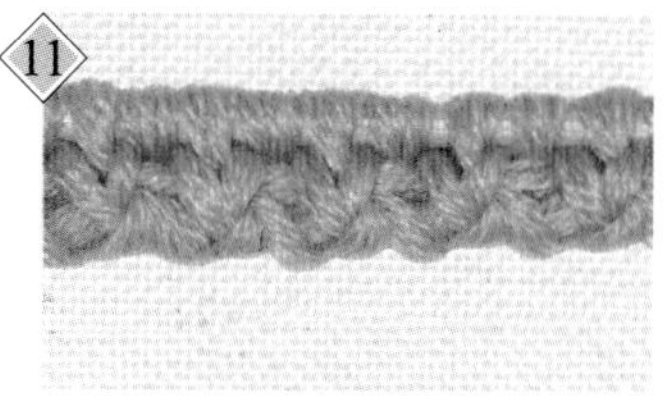

11 将织物换个面，这样上针变下针，下针变上针，重复上针挑、下针编织到行尾。

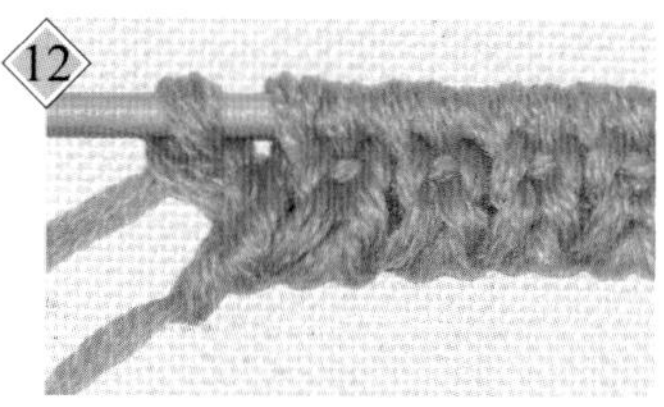

12 再将织物换个面，重复上针挑、下针编织到行尾。

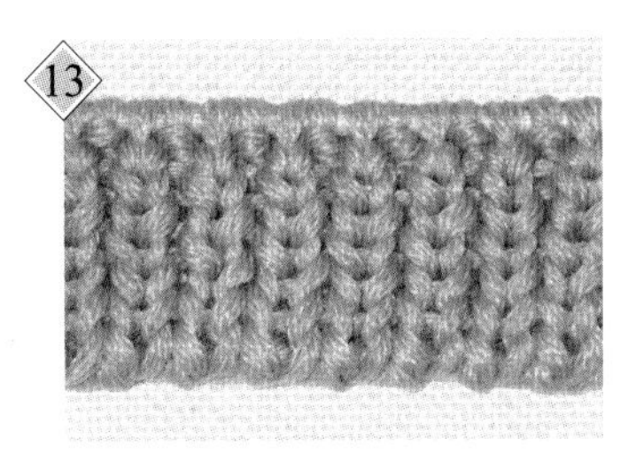

13 以后每行都重复进行 1 针上针、1 针下针交替编织到所需要的长度。

小贴士

以上 1+1 罗纹起针开始的上针挑、下针编织共进行了 3 次，即一面编织 2 行，另一面编织 1 行，称为空转。把多编织 1 行的面作为正面，这样能使边缘紧密、圆顺、饱满，用在边缘外观效果较好。一般细线正面编织 3 行，反面编织 2 行，即 2.5 转；粗线正面编织 2 行，反面编织 1 行，即 1.5 转。

2+2 罗纹起针法（即 2 针下针、2 针上针交替）

1 用 1+1 罗纹步骤 1 ~ 10 同样的方法起针，空转 0.5 转。

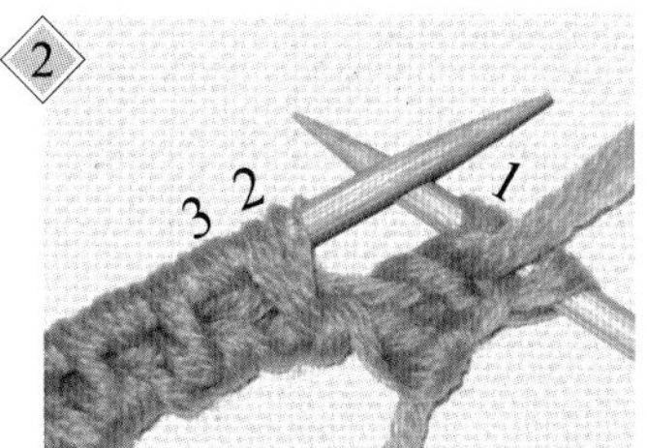

2 将织物翻向反面，边针向上挑去，第 1 针编织上针。

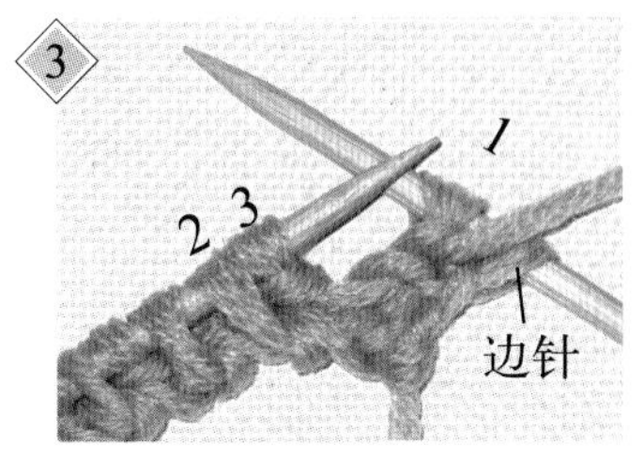

3 将第 2 针与第 3 针位置对换，而且下针线圈在上面。

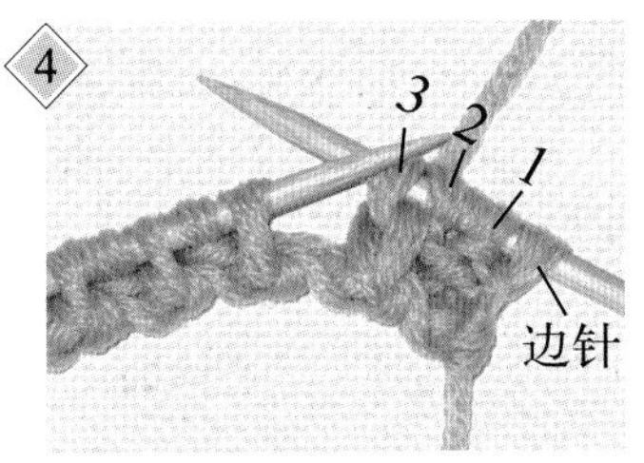

4 编织 1 针上针、1 针下针。

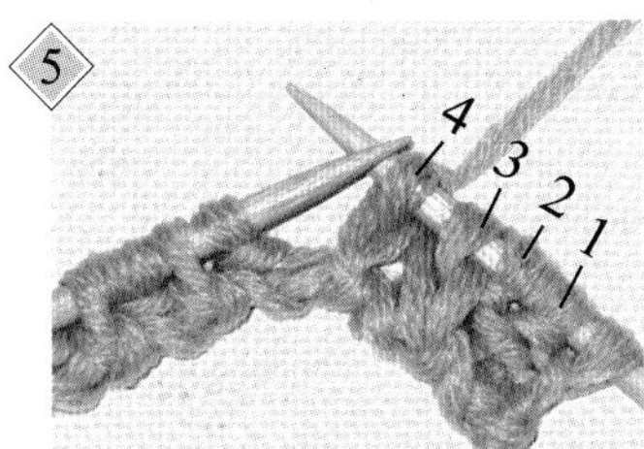

5 第 4 针编织下针。

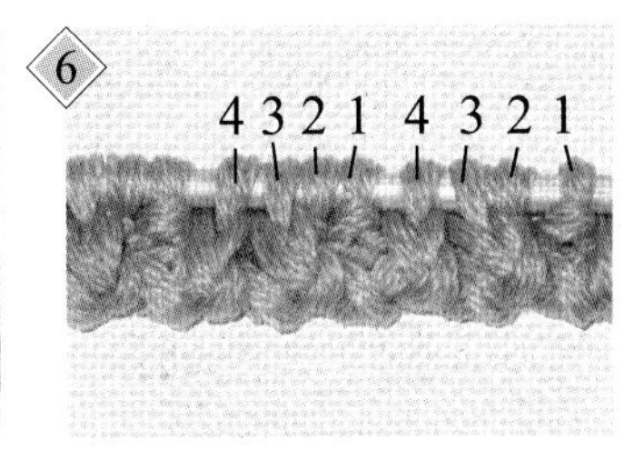

6 每 4 针为 1 组，中间 2 针交叉，重复到行尾。

7 将织物翻向正面，边针向上挑去，编织 2 针下针、2 针上针，重复到行尾。

8 以后每行都重复交替编织 2 针下针、2 针上针到需要的长度。

小贴士

编织 2+2 罗纹起针时，无论编织线的粗细如何，空转都是 0.5 转，并把有空转的一面作为正面，这样可使底边边缘与 2+2 罗纹组织协调。

辫子针起针法

开口辫子针起针法

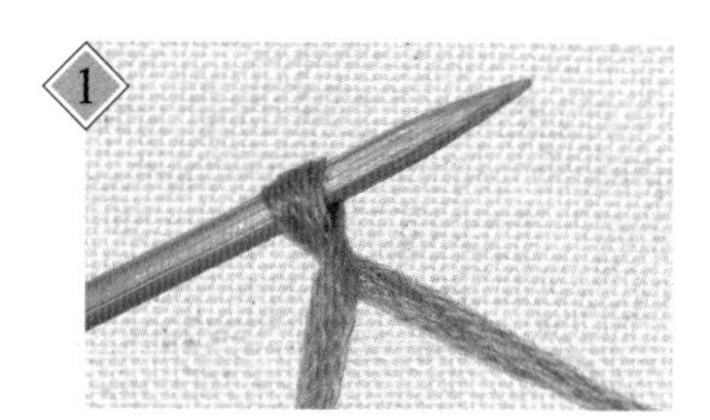

1 如图所示，将线绕在左棒针上。

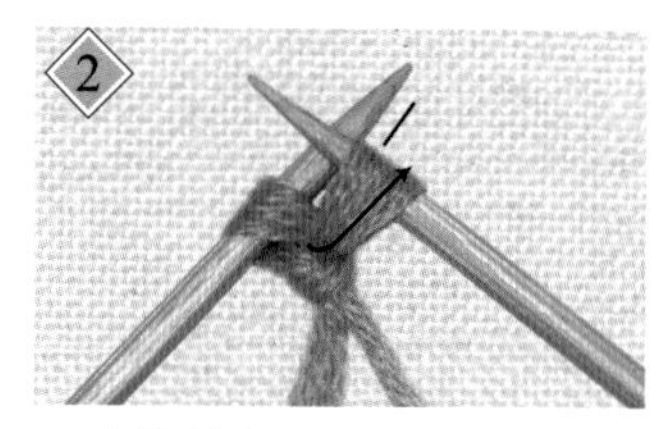

2 右棒针向下插入线环中，编织 1 针下针。

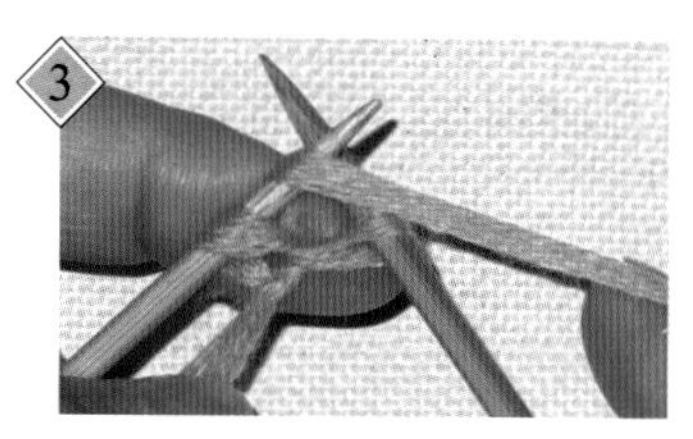

3 用左手食指将编织线带到左棒针上，左右手握住左右棒针和线。

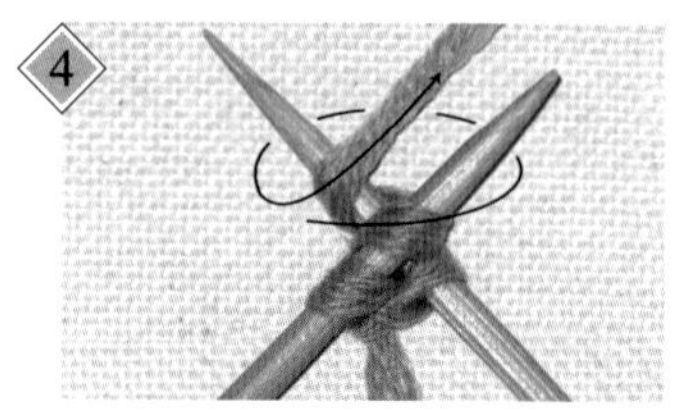

4 将线在右棒针上从下往上绕 1 圈。

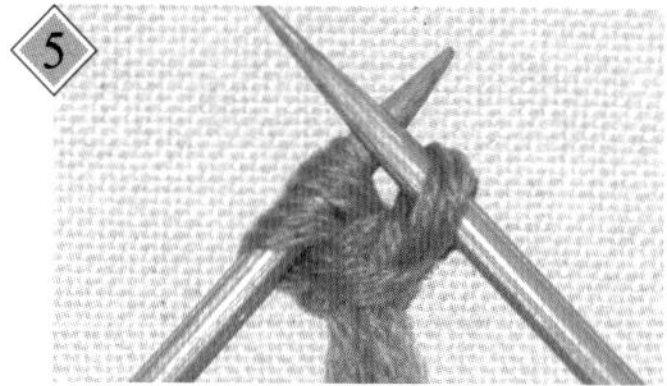

5 编织 1 针下针。

6 将线圈套在左棒针上，重复步骤 3~6，逐针编织，在底部形成 1 条开口辫子。

闭口辫子针起针法

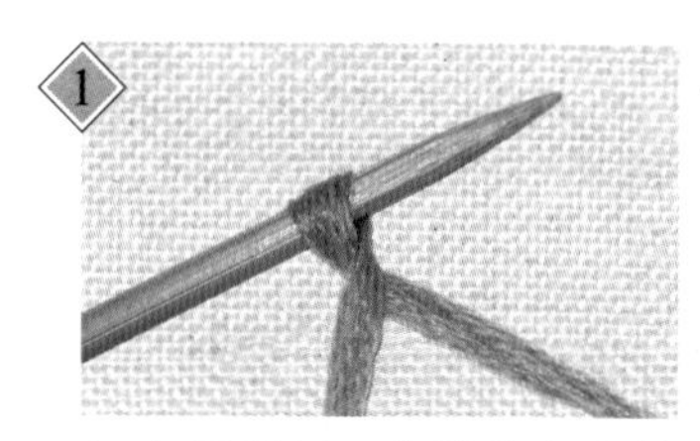

1 如图所示，将线绕在左棒针上。

2 右棒针向下插入线环中，编织 1 针下针。

3 将左棒针上绕过来的线压在右棒针下面。

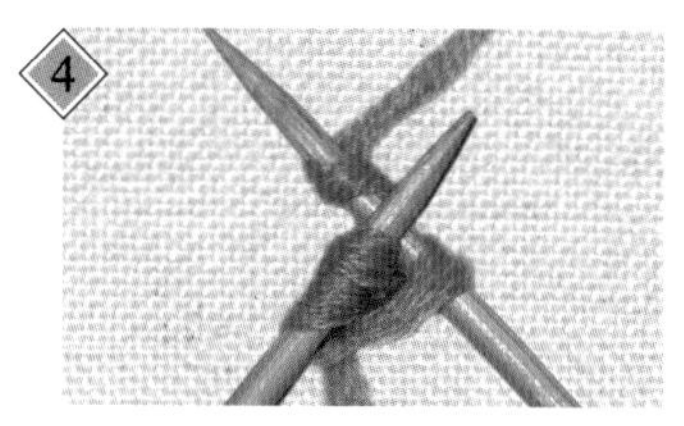

4 将线在右棒针从上往下绕 1 圈。

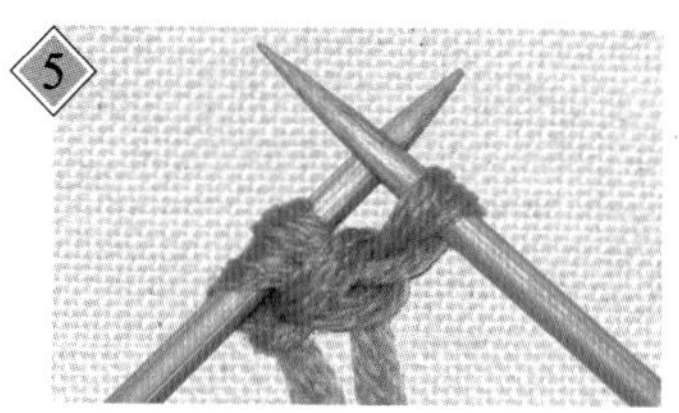

5 编织 1 针下针。

6 将线圈套在左棒针上，重复逐针编织，在底部形成 1 条闭口辫子。

绕线起针法

1 如图所示，将编织线绕在右食指上。
2 将右食指绕成的线环套到左棒针上。

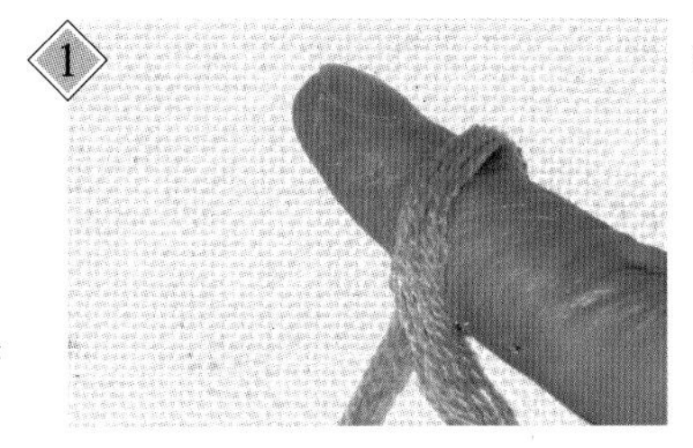

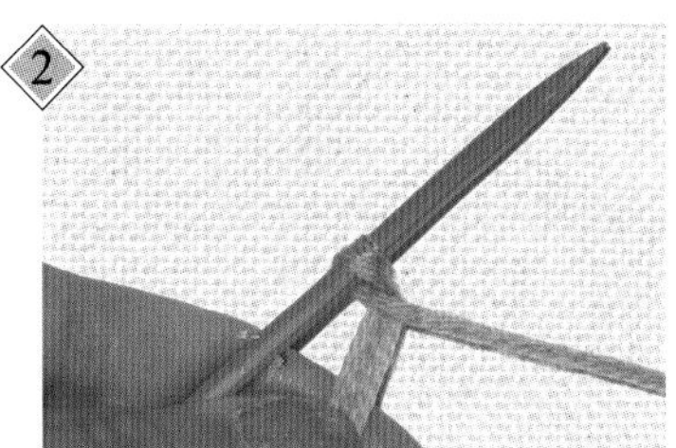

3 在左棒针上依次套入线环。
4 将线环代替起针线圈进行编织。

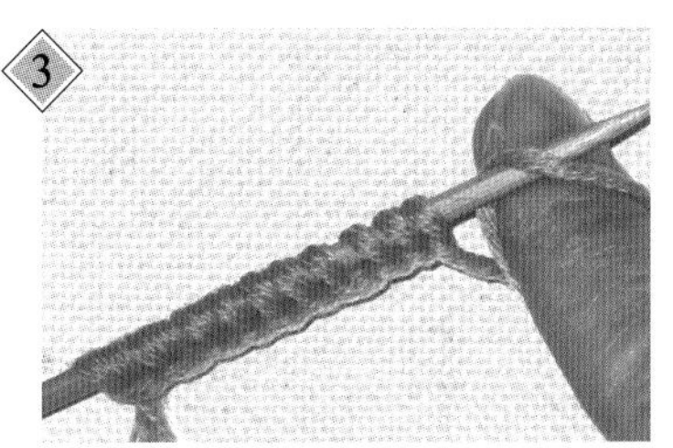

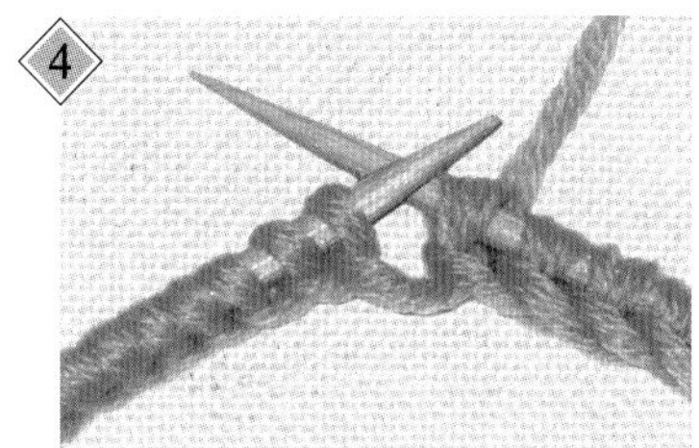

小贴士

这种起针方法常用于编织平针中，如平针双层折边、棒针拼花边缘等，连接处无缝迹。

环形起针法

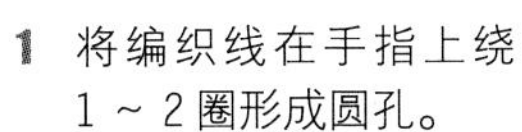
1 将编织线在手指上绕 1～2 圈形成圆孔。
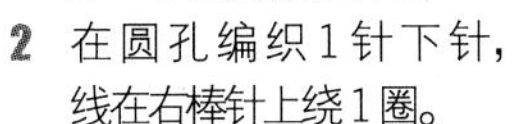
2 在圆孔编织 1 针下针，线在右棒针上绕 1 圈。

3 重复编织 1 针下针、绕 1 圈。
4 将需要起的针数平均分配到 3 根棒针上。

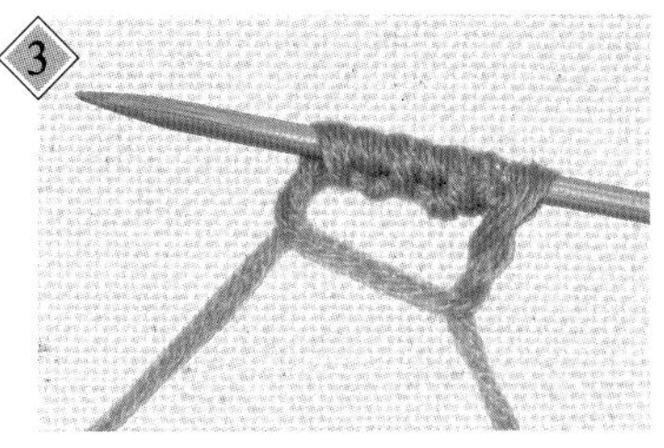

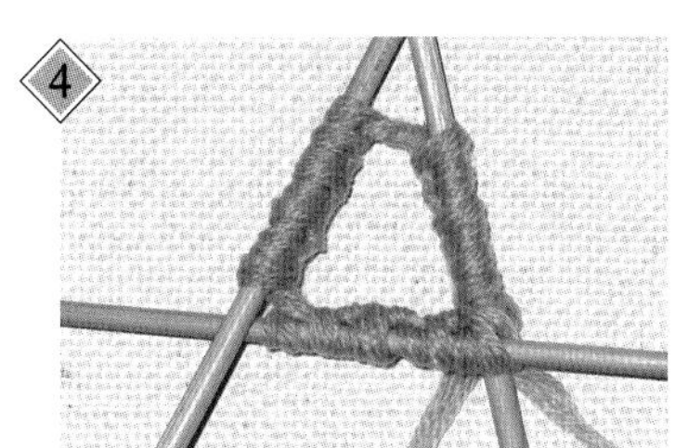

辫子针收针法

1 连续编织 2 针下针。

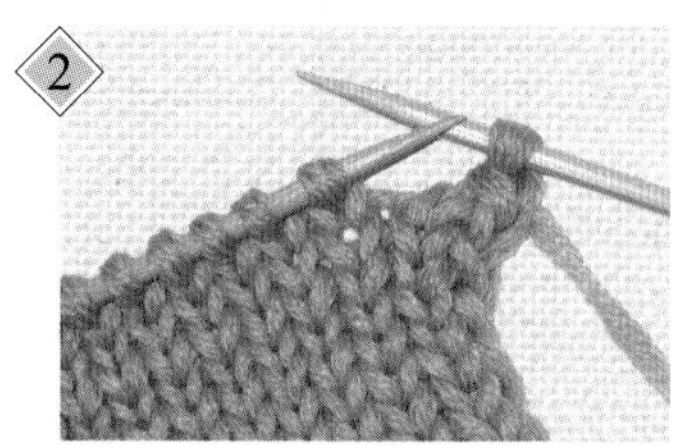

2 将右棒针上的第 2 针从第 1 针中套出。

3 再编织 1 针下针，2 针穿套并成 1 针，重复到行尾。

小贴士

以上方法用上针来收针也可。

上下针收针法

1+1 罗纹收针法

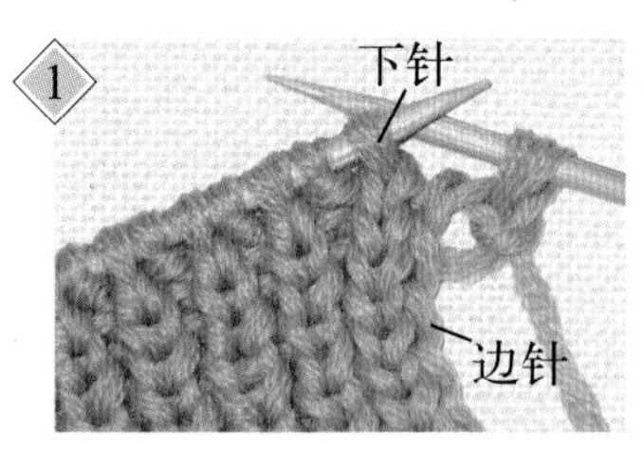

1 如果边针旁的第 1 针为下针，将边针编织成下针。

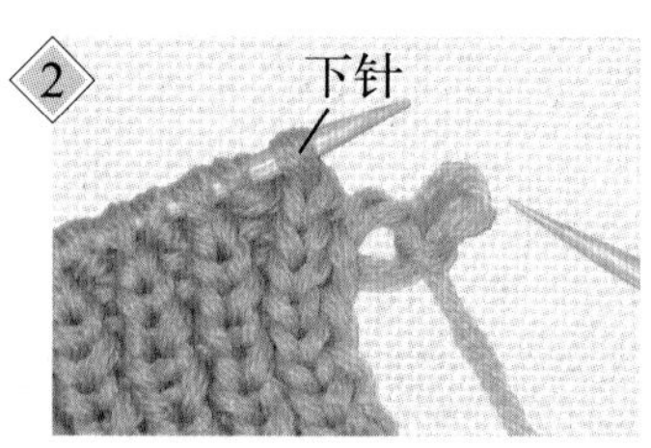

2 将右棒针抽出线圈。

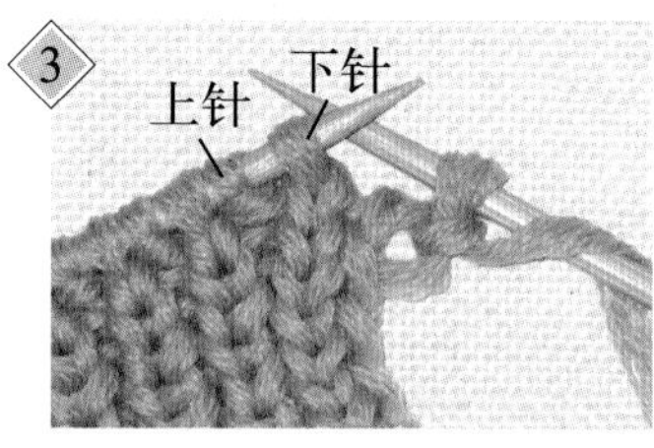

3 再从编织线的下面套入该线圈。

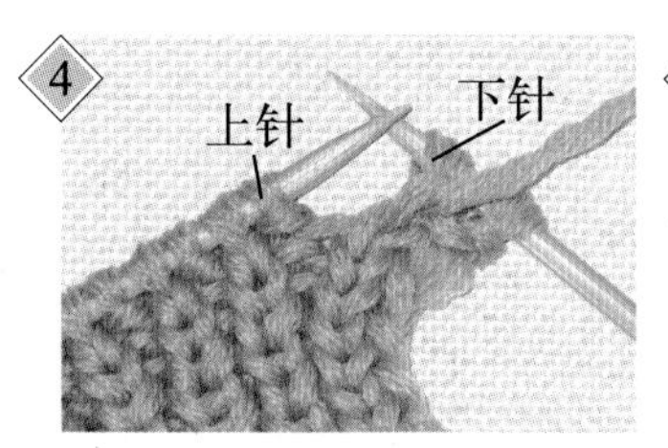

4 然后将左棒针上的第 1 针下针编织成上针。

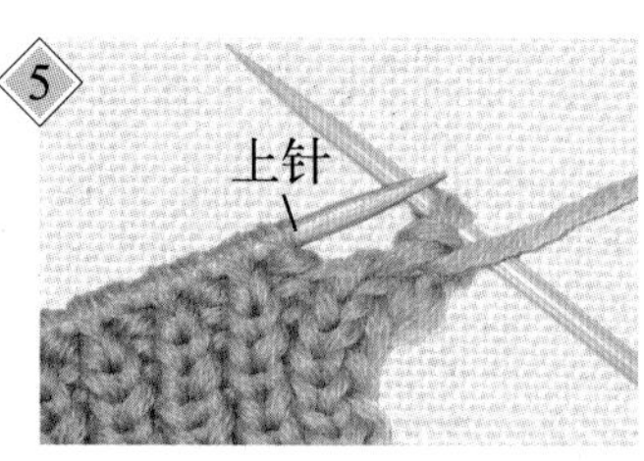

5 将右棒针上的第 2 针从第 1 针中套出。

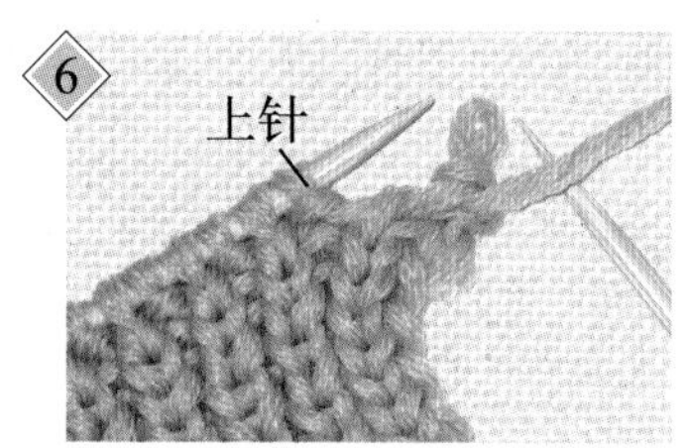

6 再将右棒针抽出。

7 从编织线的上面套入该线圈。
8 然后将左棒针上的上针编织成 1 针下针。

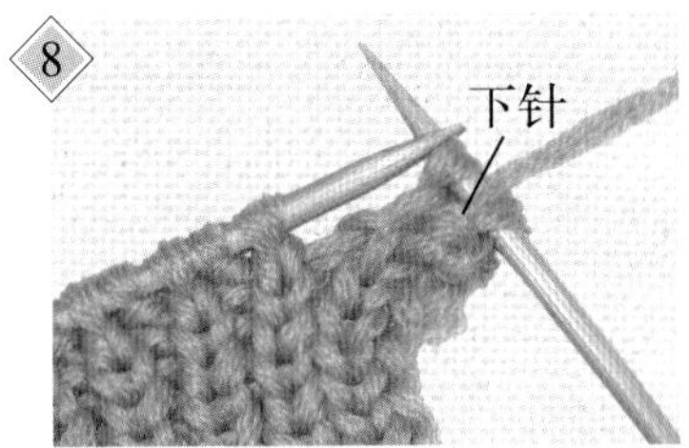

9 将右棒针上的第 2 针从第 1 针中套出。
10 重复步骤 2 ~ 9 收针到行尾。

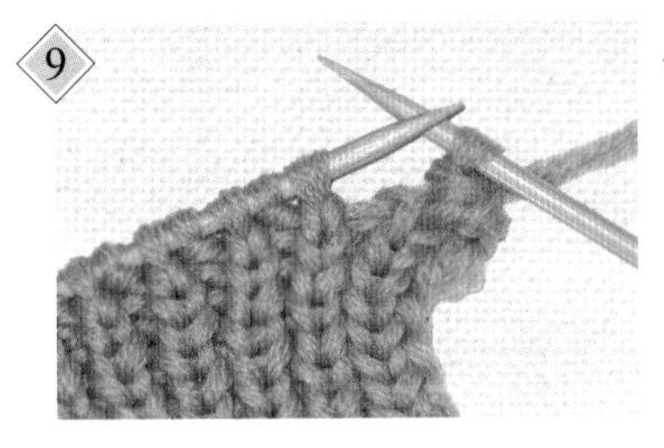

2+2 罗纹收针法

1 同 1+1 罗纹收针步骤 1 ~ 7。

2 然后将左棒针上的 2 针位置对换成右上交叉针。

3 然后编织 1 针下针。

4 将右棒针上的第 2 针从第 1 针中套出。

5 以后重复，每 4 针 1 组，中间 2 针位置对换，收针到行尾。

小贴士

1+1 罗纹的收针方法是下针织成上针、上针织成下针，然后 2 针串套合并成 1 针；而 2+2 罗纹收针方法是 4 针为 1 组，第 2、第 3 针位置对换后同以上方法收针。

棒针加针、减针的方法

空花加针法

1 在需要加针的位置，将编织线在右棒针上绕 1 圈，形成圈弧。

2 下 1 行编织时，所加圈弧也编织。

3 加针的位置就形成了一个镂空效果。

扭针加针法

1 同空花加针法步骤 1 ~ 2，并将该圈弧编织成扭针。

2 这样加针的位置就不会形成镂空效果。

分针加针法

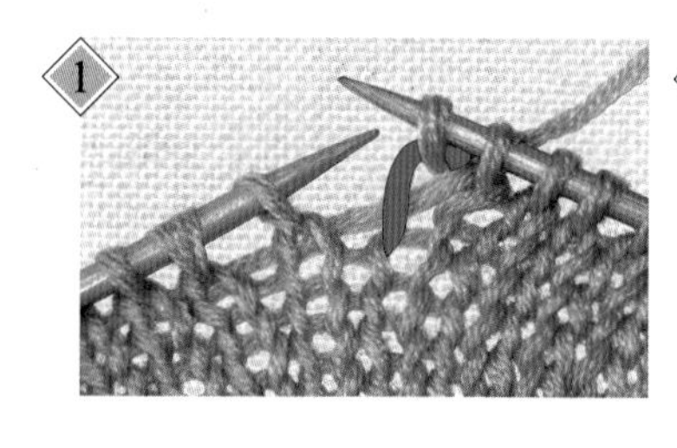

1 在需要加针的位置用左加针方法加针。

2 在需要加针的位置用右加针方法加针。

辫子针加针法

1 在需要加针的位置用辫子针起针的方法加针。

2 加针以后正常编织。

小贴士

辫子针加针法一般加在织物边缘。

绕线加针法

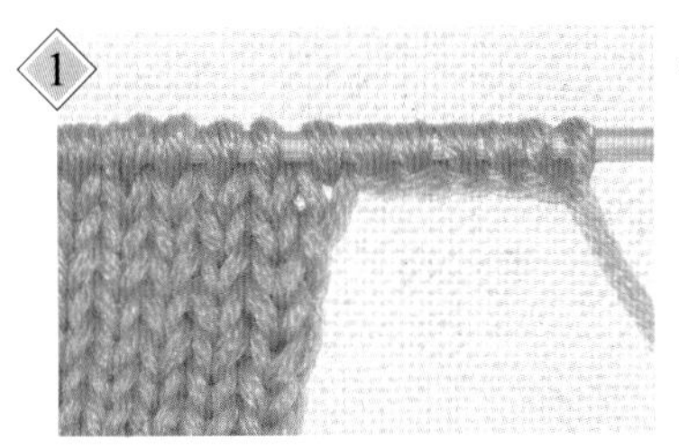

1 在需要加针的位置用绕线起针的方法加针。

2 加针以后正常编织。

小贴士

绕针加针法一般加在织物边缘。

减针法

小贴士

并针减针法可参照棒针基本针法中下针合并针编织法图示进行减针（有 2 针并 1 针、拨收 1 针、左上 3 针并 1 针、中上 3 针并 1 针和右上 3 针并 1 针）。辫子针减针法可参照辫子针收针法进行减针。

棒针编织衫的缝合方法

领口的缝合

1 以衣片为平针组织、领片为 1+1 罗纹组织为例。
2 将领翻向衣片正面。
3 将钩针从衣片起始点第 1 个线圈反面插向正面，注意插入在罗纹与平针交接线的下面 1 行。再将钩针插入棒针上的第 1 个线圈中。
4 将线从上往下绕在钩针上，穿过织物将线圈钩向反面。

5 将钩针从起始点第 2 个线圈反面插向正面，注意插入在第 1 针的同 1 行线圈中。

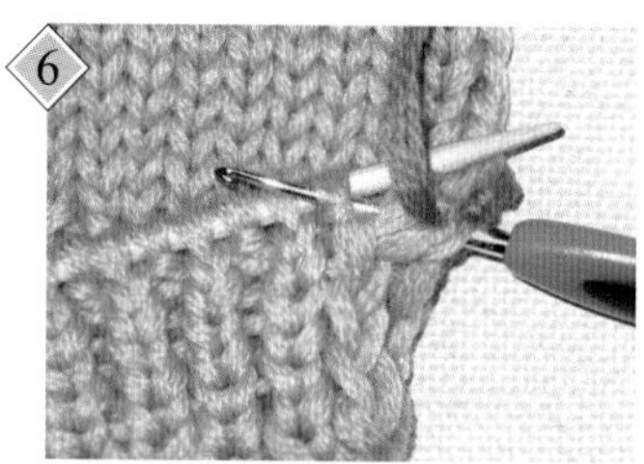

6 钩针从下往上插入棒针的线圈中。

7 线从上往下绕在钩针上。

8 编织 1 针上针。

9 将此上针线圈穿过织物，钩向反面。

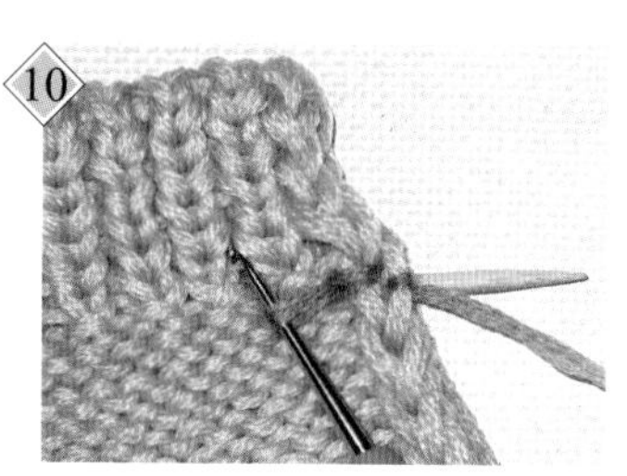

10 再将钩针上的第 2 个线圈从第 1 个线圈中穿过，并成 1 针。

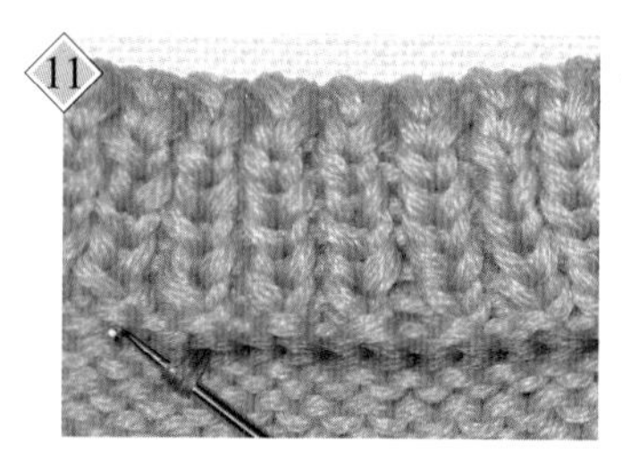

11 重复编织，依次将领圈上的线圈缝合起来，这样在反面形成 1 条辫子。

12 在正面形成 1 行整齐的缝迹。

侧缝的缝合

1 将两片衣片正面相对，侧缝边缘对齐。

2 缝合线固定在起始点。

3 用钩针同时插入两片衣片的侧缝第 1 组边针辫子中。

4 钩出1个线圈。

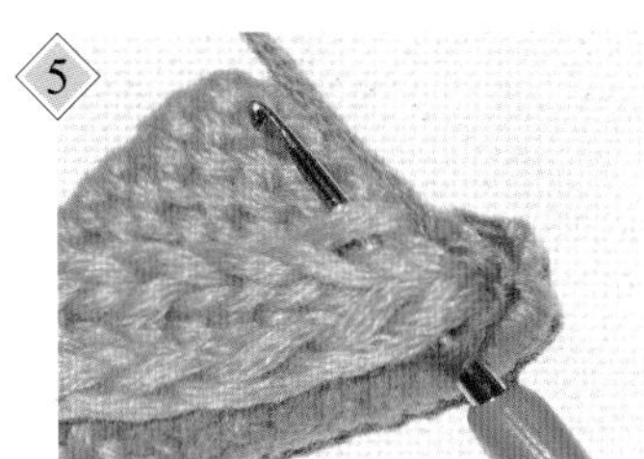

5 将钩针同时插入边针相邻2行线圈之间。

6 钩1针拉针。

7 钩针同时插入第2组边针辫子中。

8 钩1针拉针，重复钩织到结束点。

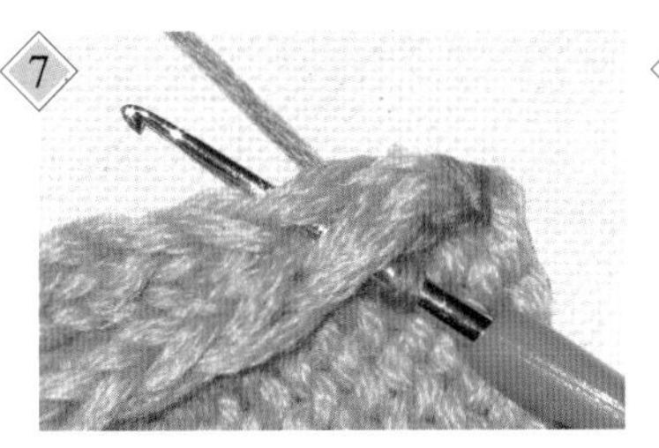

肩部的缝合

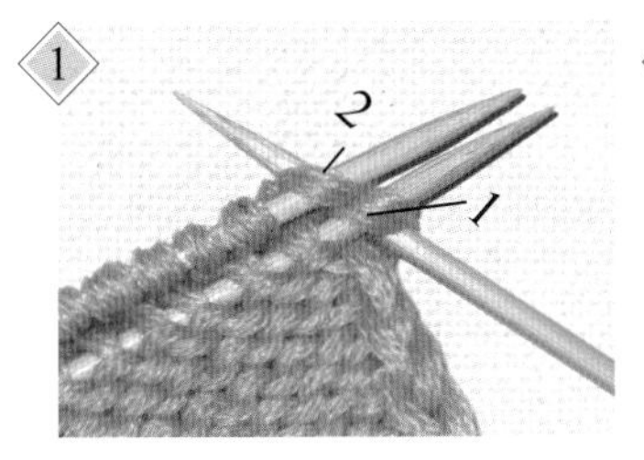

1 将两片衣片肩部正面相对，用右棒针同时插入前后两片的第1组线圈中。

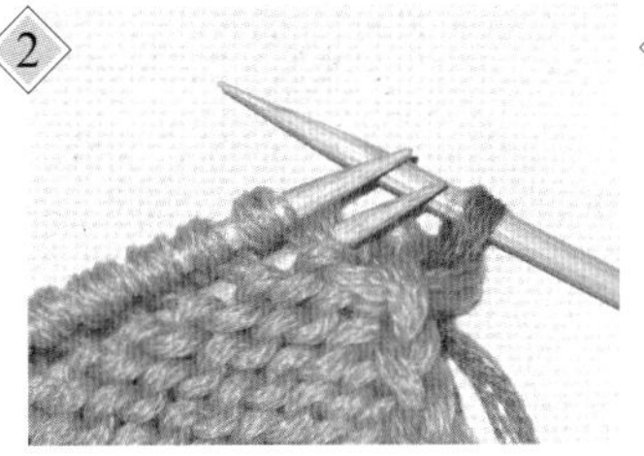

2 编织下针2针并1针。

3 右棒针同时插入前后两片的第2组线圈中。

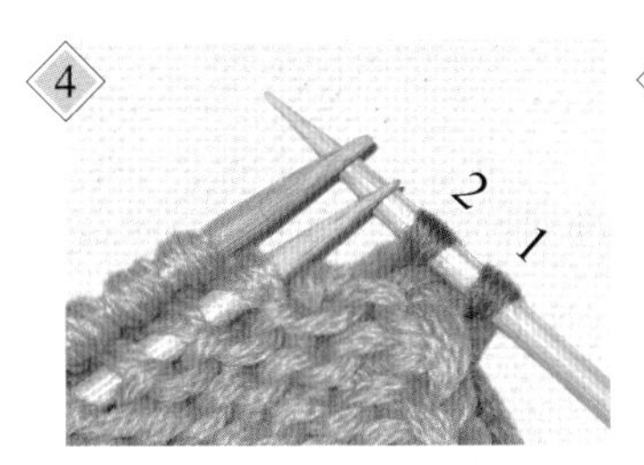

4 编织下针2针并1针。

5 右棒针上的第2个线圈从第1个线圈中穿过，并成1针。

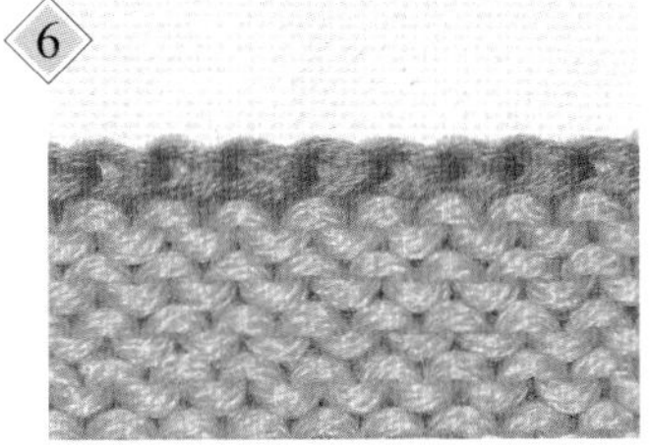

6 重复编织到结束点。

小贴士

缝合衣片一般都是以辫子针缝迹进行缝合，这样的缝迹有弹性，受力后不容易拉断。缝合线可以比原编织线略细一些，缝迹密度要大，使织物横向受力时不易拉开。

棒针开直插袋和斜插袋的方法

直插袋开法

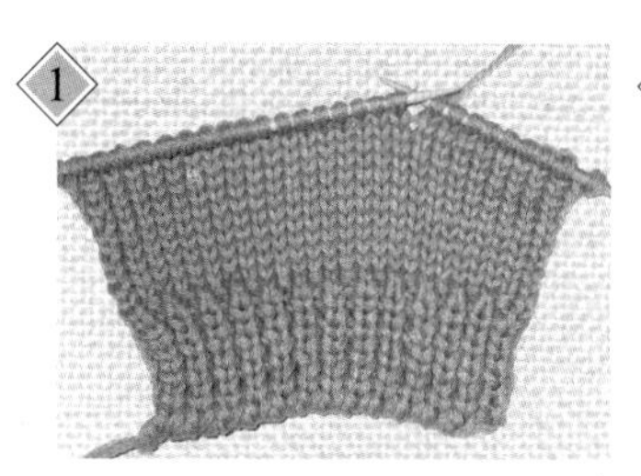

1 将前衣片编织到袋口位置。

2 将袋口宽度的针数用针穿套起来。

3 从衣片反面袋底位置线圈圆弧上起针编织袋布。

4 将衣片上袋口宽度的针数用袋布来替代进行编织。

5 继续往上编织。

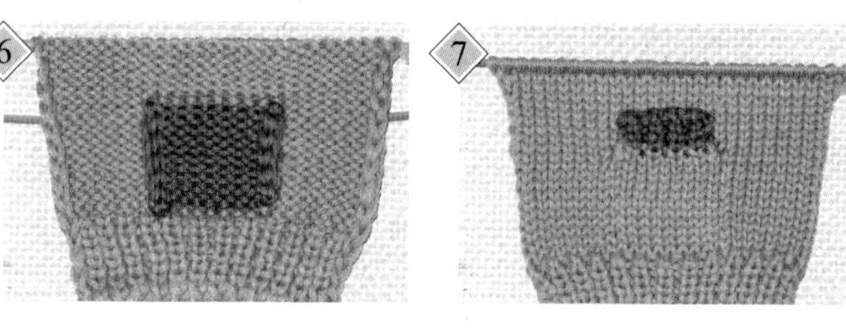

6 在衣片反面将袋布左右与衣片缝合起来。

7 在正面袋口的位置编织 1+1 或 2+2 罗纹到需要的高度收针，作为袋口边，最后将袋布左右边缘与衣片缝合起来。

斜插袋开法（以右前片为例）

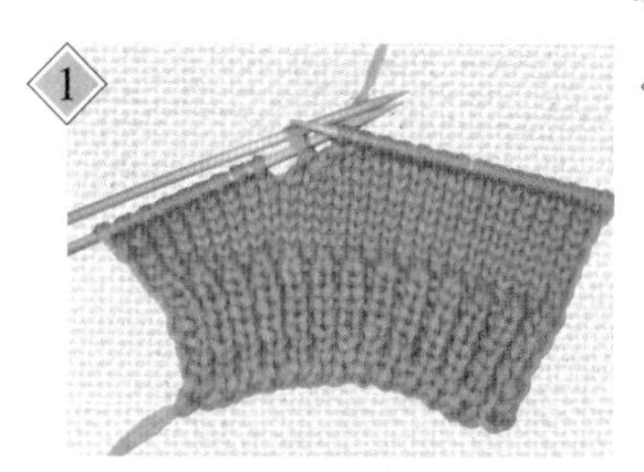

1 前衣片织到下袋口位置，将衣片分成两部分织，先织有袋面布的部分，隔行收针。

2 编织到上袋口位置暂停。

3 从反面袋底位置挑起线圈，开始编织袋布，到下袋口位置。

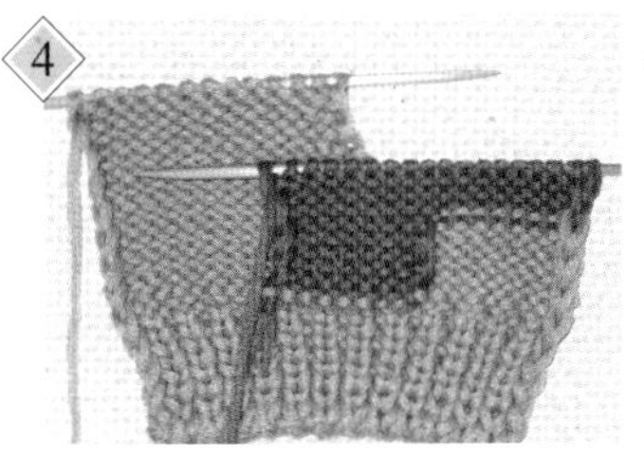

4 将袋布和原衣片上的无袋布部分连起来编织。

5 织到上袋口位置暂停，然后将袋布和衣片连起来织。

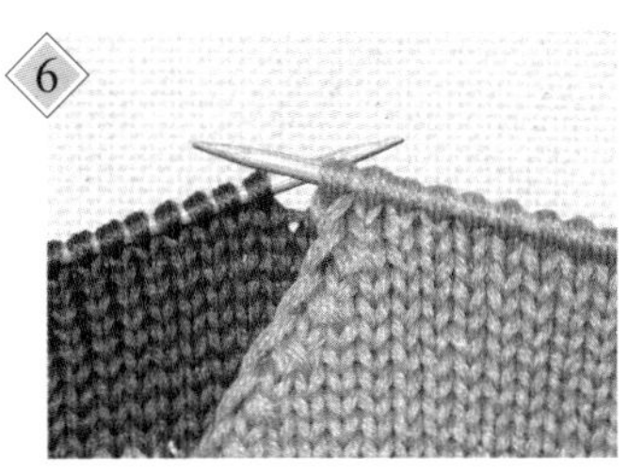

6 将这些重叠的针数前后 2 针并 1 针，重复到重叠针数结束。

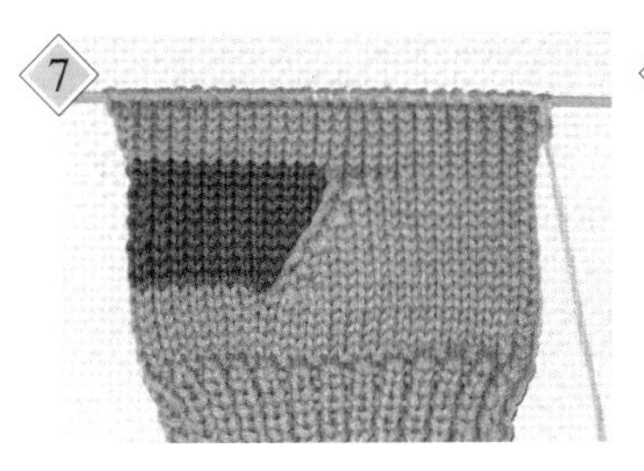

7 继续往上编织。

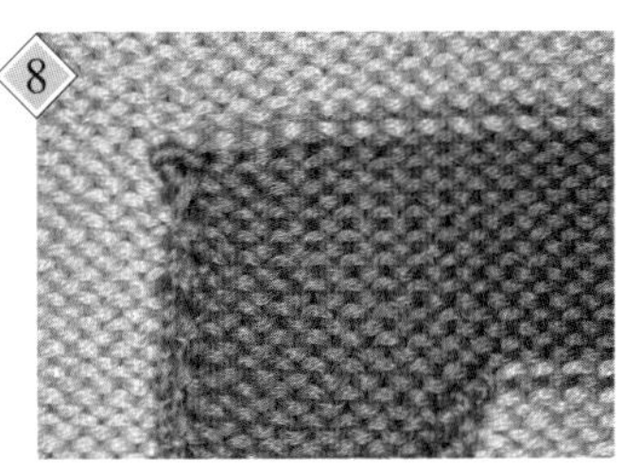

8 在衣片反面将袋布左右和下面缝合起来。

9 在正面袋口的位置挑起一定针数，织 1+1 或 2+2 罗纹到需要的高度收针，作为袋口边，最后将袋口边左右边缘与衣片缝合起来。

小贴士

步骤 1 中，隔行收针时，收在袋口边针内，下针拨收 1 针。也可根据袋口线的倾斜度另外设计收针工艺；步骤 5 中，袋布和衣片连起来织时，到中间袋布的针数减去斜插袋收去的针数即为双层重叠的针数；步骤 9 中，正面袋口位置挑针时，一般 4 行挑 3 针，即 2 个边针线圈挑 3 针。

棒针开衫门襟开纽孔的方法

用并针法形成纽孔

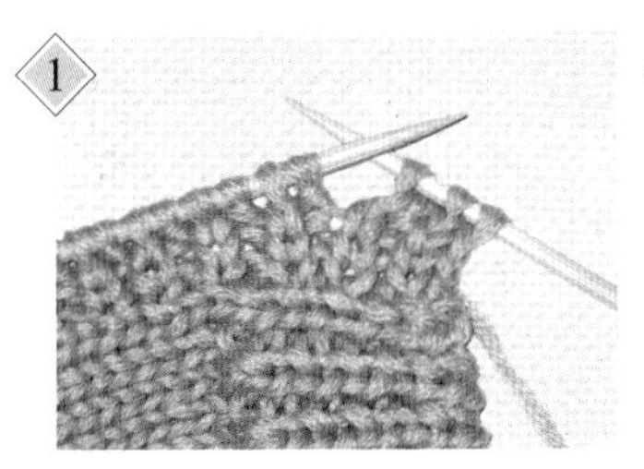

1 在需要开纽孔的位置编织 2 针并 1 针。

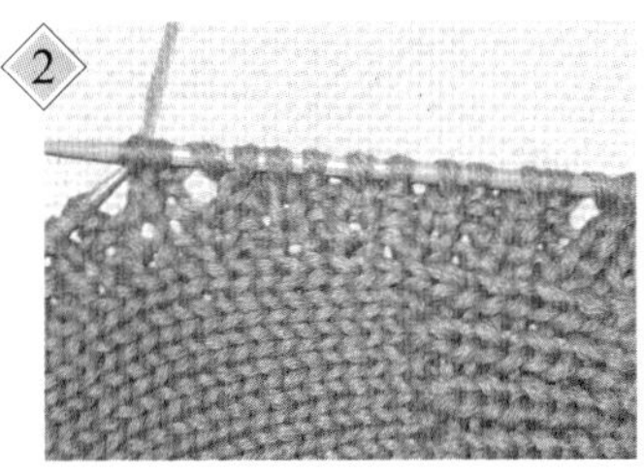

2 再用空花加针法加 1 针。

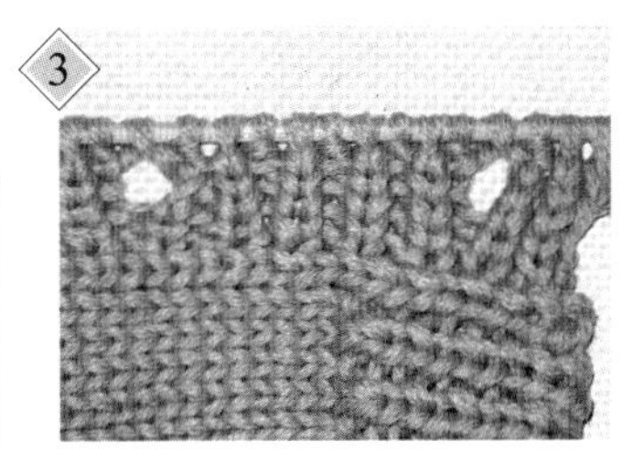

3 在下 1 行将加的圈弧正常编织，就形成纽孔。

横门襟上用辫子针收针法形成纽孔

1 在需要开纽孔的位置根据纽扣的大小用辫子针收针法收去数针。

2 在下 1 行该位置用辫子针起针法加上同样的针数。

3 以后正常编织。

小贴士

可以在纽孔边缘用钩针钩 1 圈短针或用缝针锁边，这样纽孔边缘纱线不容易因摩擦断裂而脱散。

直门襟上用纵向加线法形成纽孔

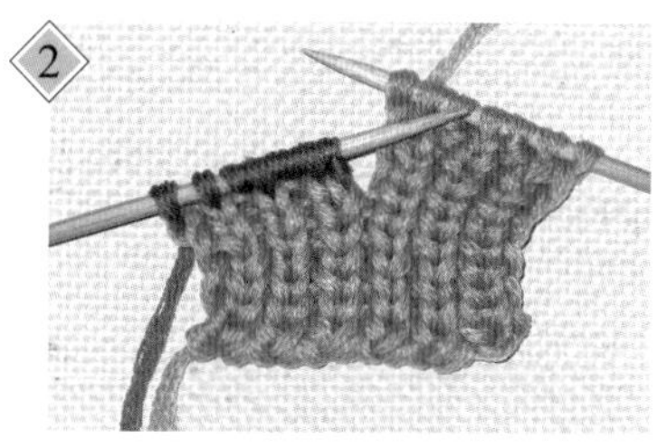

1 纽孔位置将直门襟分成左右两部分，先来回编织外边缘部分。

2 再另外加 1 根编织线，从纽孔下位置开始来回编织。

3 编织到同样高度，将加的线去除。

4 再用原来的线连起来编织。

棒针编织横条换线的方法

二色横条换线的方法

1 用第 1 种颜色线编织数行下针，在第 2 种颜色线的一端打个活结，形成线圈，套在左棒针上。

2 将左棒针上不同颜色的 2 个线圈并成 1 针。

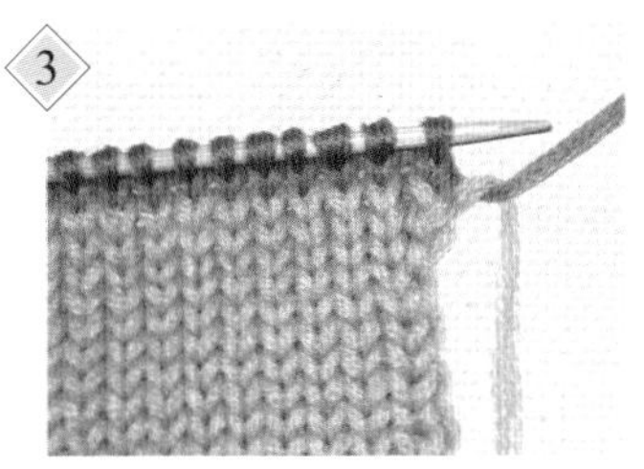

3 继续编织 1 个来回，到换线处将 2 根不同颜色的线交叉一下。

4 继续编织第 2 种颜色线，到换线处始终交叉，编织到需要的行数。

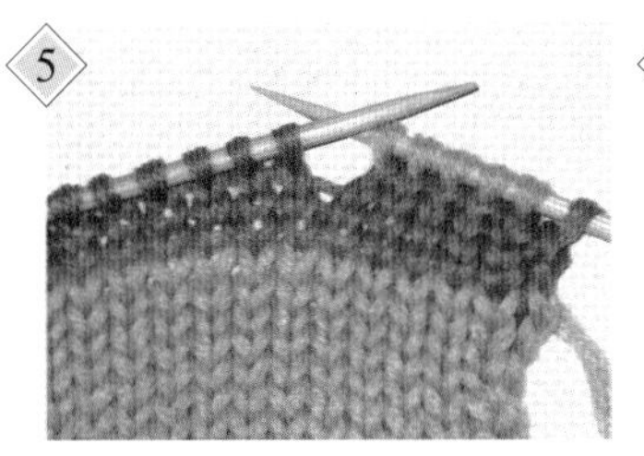

5 将 2 根不同颜色的线交叉一下，又换成第 1 种颜色线编织。

6 重复编织到不需要换线时，将该线剪断，用钩针将线头沿边针线圈钩入。

多色横条换线的方法

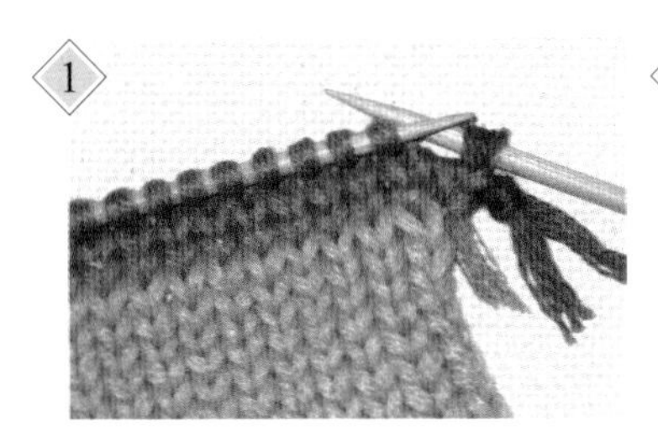

1 同二色横条换线的步骤 1~4，并将第 1 种颜色线剪断，用同样的方法换第 3 种颜色线，并将第 2 种颜色线剪断。

2 重复换线，最后将换线边缘的线头用钩针沿边针线圈钩入。

小贴士

注意替换处的线头一定要沿着原边缘线圈的方向用钩针钩入，使边缘光滑一致。

棒针提花方法

有虚线提花

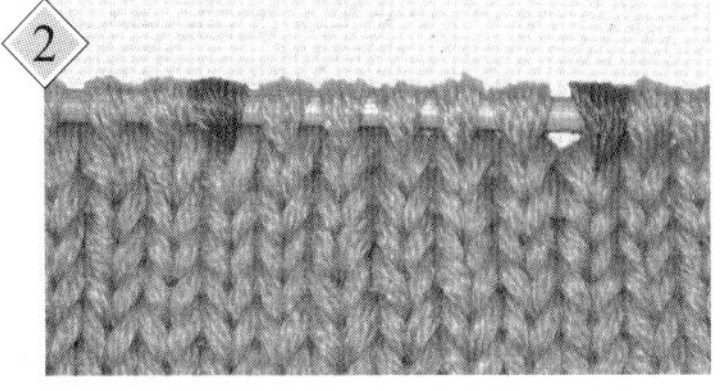

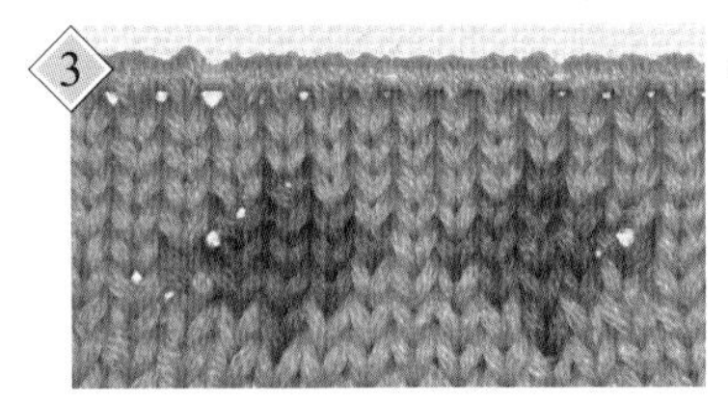

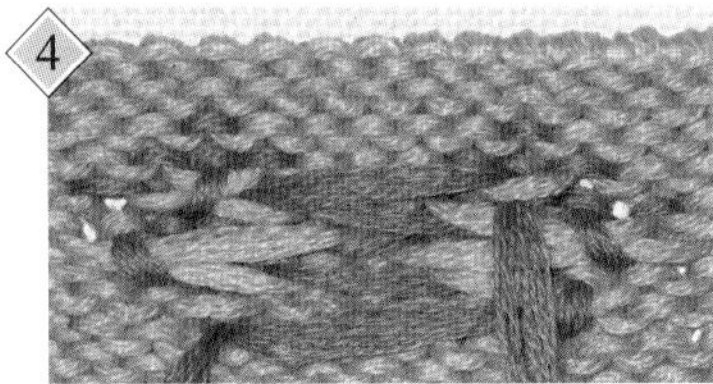

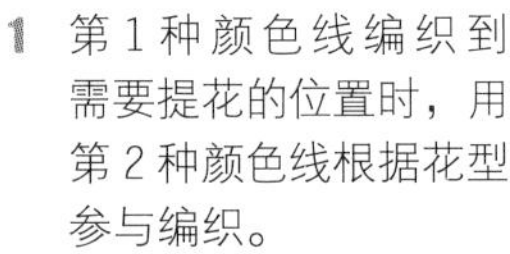

1 第 1 种颜色线编织到需要提花的位置时，用第 2 种颜色线根据花型参与编织。

2 编织数针后需要换第 1 种颜色线编织，数针后又换第 2 种颜色线编织。

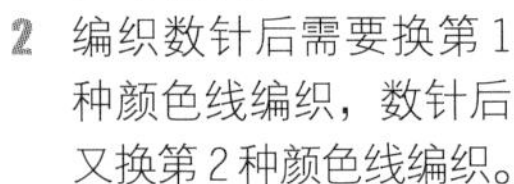

3 这样织物正面形成提花图案。

4 而织物反面不编织的线以虚线通过。

小贴士

这种提花方式适合同 1 行中轮流用 2 种以上颜色的线形成小提花。由于反面虚线多，织物横向延伸性和弹性较差，织物表面不平整。

无虚线提花

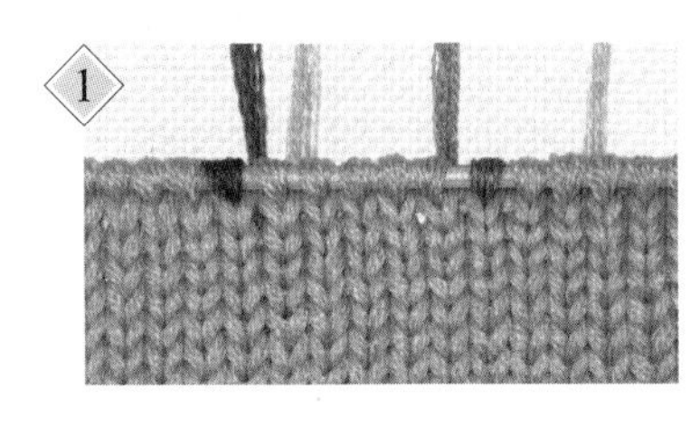

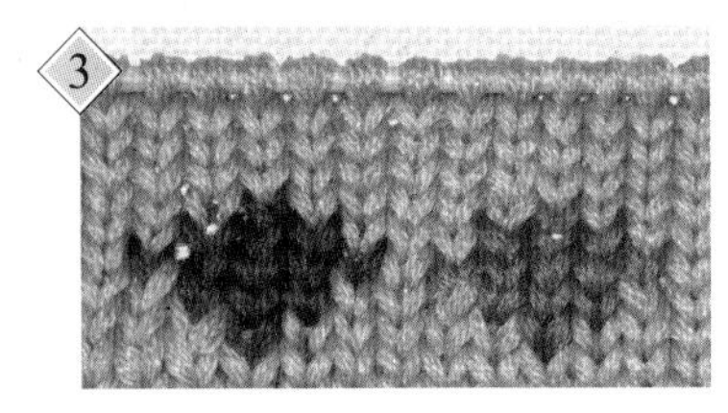

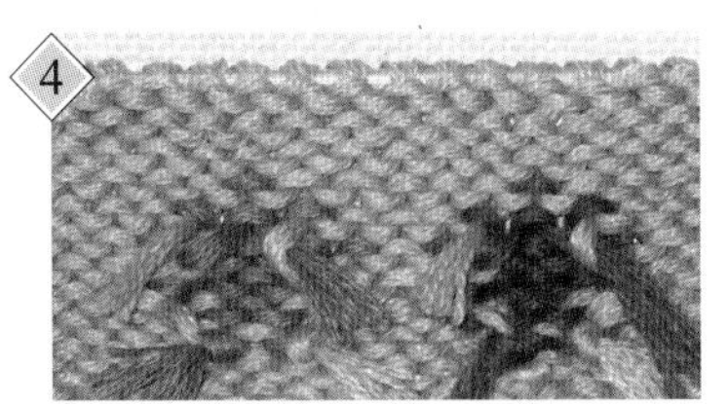

1 提花的第 1 行第 1 种颜色线编织到需要提花的位置时，用第 2 种颜色线根据花型参与编织，到下一位置时，第 3 种颜色线参与编织，用几种颜色根据花型来定。

2 第 2 行在反面编织，织到两种颜色交替处，将两线交叉后再编织，使花型横向之间连接起来。

3 正面编织时，两色交替处同样将线在反面交叉后再编织，正面形成提花花型，有线头的每一处色线进行局部编织。

4 反面没有虚线。

小贴士

这种提花方式适合局部同色大提花，也称为嵌花，两色提花图案之间靠两线交叉进行连接。反面没虚线，织物横向延伸性和弹性与织物组织结构一致，织物表面平整。

子球编织方法

1行内编织成子球的方法

1 在正面编织到子球的位置,在1针内放数针(以5针为例)。

2 然后反方向编织该5针，其他针不编织。

3 再正面编织，来回编织到第5行，将5针一起并成1针。

4 再继续编织后面的线圈，该处就形成了1个占1行的子球。

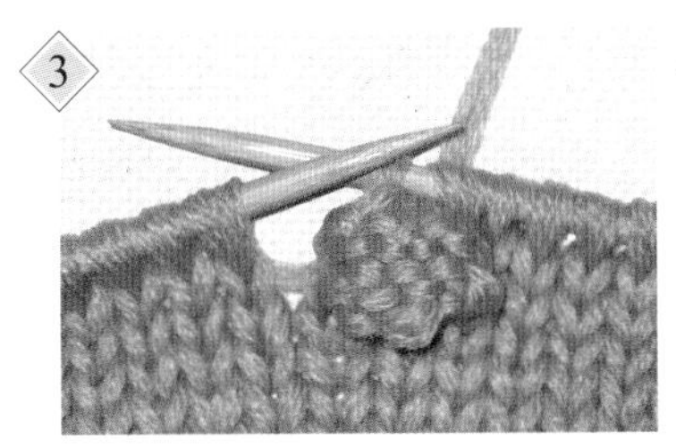

3行内编织成子球的方法

1 在正面编织到子球的位置,在1针内放数针(以5针为例)。

2 继续往后编织，编织到下1行反面子球的位置，将这5针来回编织3行。

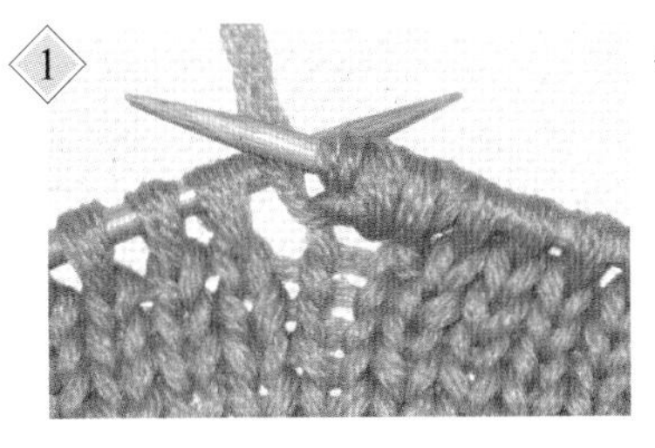

3 继续往后编织，在编织到下1行正面子球的位置，将5针一起并成1针。

4 再继续编织后面的线圈，该处就形成了1个占3行的子球。

小贴士

当然，子球的编织方法很多，占的针数和行数都可根据需要进行变化。

棒针款式实例

1 四片六叶花套衫

编织方法见第86页

2 下摆倾斜型菠萝大绞花组合套衫

编织方法见第88页

3 短袖菠萝花大绞花组合型高腰开衫

编织方法见第77页

4 绞花组合花型套衫

编织方法见第46页

5 钩边袖子披肩

编织方法见第72页

6 小披肩

编织方法见第68页

7 钩边棒针套衫

编织方法见第90页

8 中心八叶花套衫

编织方法见第100页

9 钩针花边棒针开衫(一)

编织方法见第111页

10 大绞花背心及绞花帽组合装

编织方法见第50页

11 二片六叶花套衫

编织方法见第80页

12 钩针花边棒针开衫(二)

编织方法见第74页

13 棒针菠萝花型长套衫

编织方法见第94页

14 四叶拼花披肩衫

编织方法见第109页

15 棒针五边形拼花披肩

编织方法见第56页

16 横织洞洞花型披肩衫

编织方法见第104页

17 绞花帽(一)

编织方法见第115页

18 双层口袋式花型帽

编织方法见第99页

19 婴儿鞋

编织方法见第67页

20 绞花帽(二)

编织方法见第114页

21 蝴蝶花型帽

编织方法见第98页

22 棒针贝雷帽

编织方法见第107页

23 头带式时尚帽

编织方法见第62页

24 凹凸型横条鸭舌帽

编织方法见第49页

25 大绞花辫子帽

编织方法见第59页

26 螺旋形婴儿帽

编织方法见第58页

28 斜罗纹时尚帽

编织方法见第61页

27 斜横条六角帽

编织方法见第54页

29 棒针长套衫

编织方法见第70页

30 棒针长披肩

编织方法见第64页

32 浮线花型蝙蝠袖套衫

编织方法见第96页

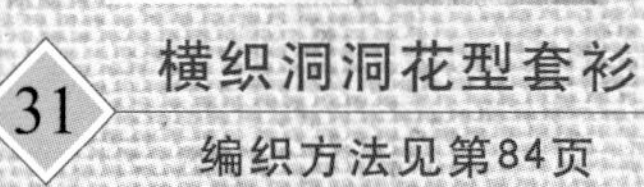

31 横织洞洞花型套衫

编织方法见第84页

棒针款式实例编织方法

4　彩色page38　编织方法

绞花组合花型套衫

原　　料　白色棉线300克。

棒针直径　3mm。

规　　格　胸围74cm，长55.5cm，挂肩19cm，肩宽32cm，后领口宽15cm，前领深6cm，袖长52cm，袖山高11cm，下摆边、袖口边1cm，领口边1.2cm。

组织结构　前后大身、袖身大部分编织上针，部分编织绞花、集圈等，下摆边、袖口边编织1+1罗纹，领边编织下针、双层折边。

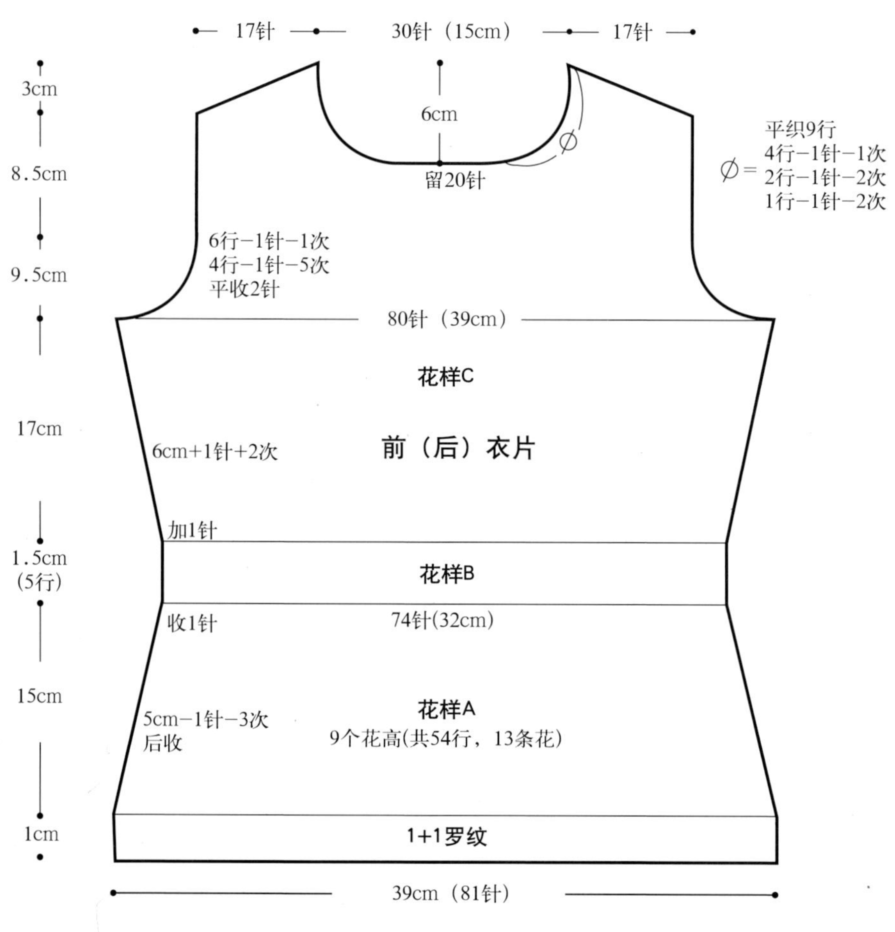

编织要点

前片

用上下针法起头 81 针，织 1+1 罗纹组织 1cm 长后，再按花样 A 编织集圈花型 15cm 到腰部，并两边收针到 75 针，再收去 1 针到 74 针；以后用下针平织 5 行（按花样 B 编织，为了穿腰带）；然后按花样 C 编织绞花花型，同时两边先放 1 针，再按要求放针，平织 5cm，到 80 针；开始挂肩收针，再平织到 49.5cm 长，开始收领；肩斜部分在 3cm 内收出斜肩。

后片

编织工艺同前片，先编织 1+1 罗纹 1cm 长，然后全部编织上针。

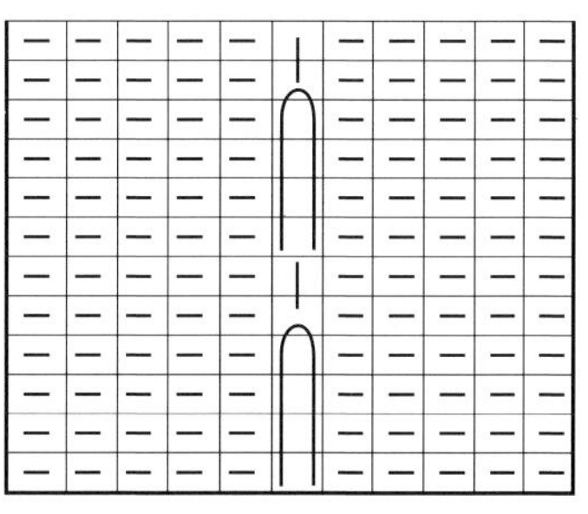

花样A　集圈

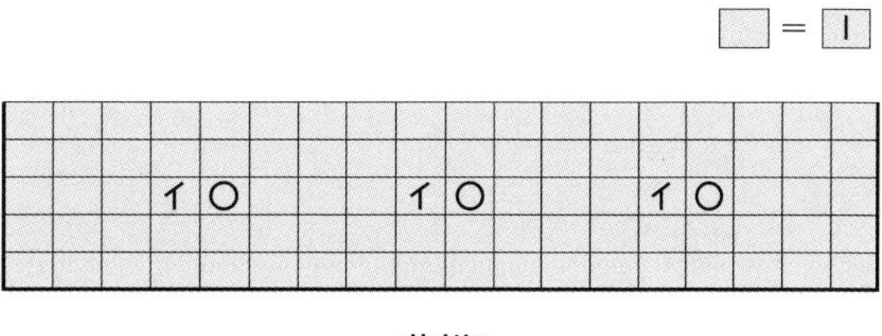

花样B

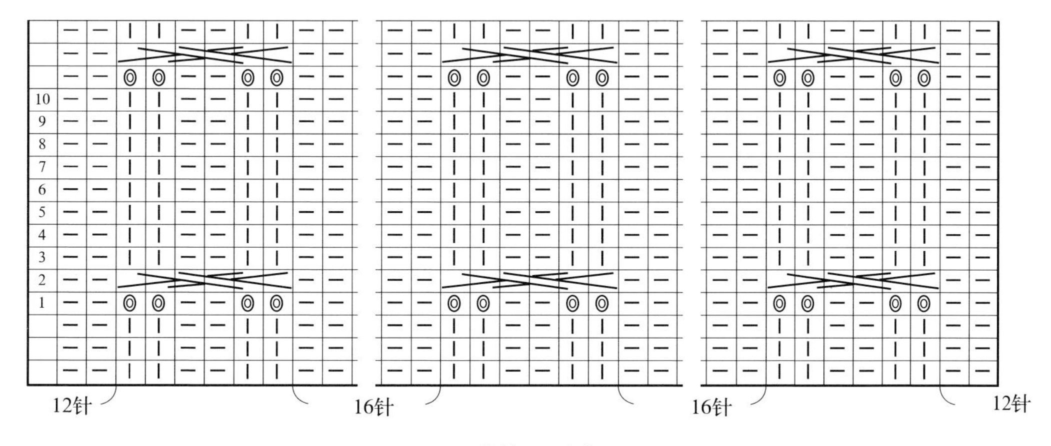

花样C　绞花

袖子

❶ 用上下针法起 49 针（24cm 宽），织 1+1 罗纹 1cm 长；再按花样 A 编织集圈花型，编织到 11cm 长，并按图示要求收针，此时总针数 41 针；再平织 2 行上针，第 3 行织 3 针上针、1 针加针、再上针 2 针并 1 针，重复到行尾（为了穿装饰带的需要）；然后全部织上针，同时两边放针至 61 针。

❷ 开始按要求收袖山，最后收到 33 针。

领边

用比衣片略细的棉线织下针 2.4cm 宽，双层折边包裹在领圈上，用钩针辫子针法连接到领上（整个领圈共 120 针，其中前领 74 针，后领 46 针）。

最后编织 1 根腰带和 2 根袖口装饰带穿到衣服上。

要进行绞花的前一行线圈需编织成长针，便于绞花。

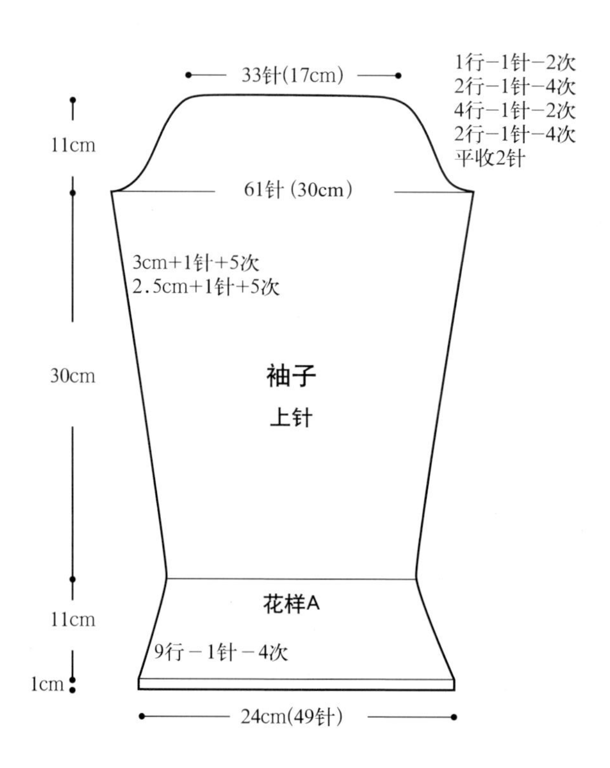

24 彩色page43 编织方法 凹凸型横条鸭舌帽

原　　料 米黄色羊毛线 150 克，金属丝少许。1 根毛线和 1 根金属丝合并编织。

棒针直径 3mm。

规　　格 周长（帽围）58cm，帽深 32cm。

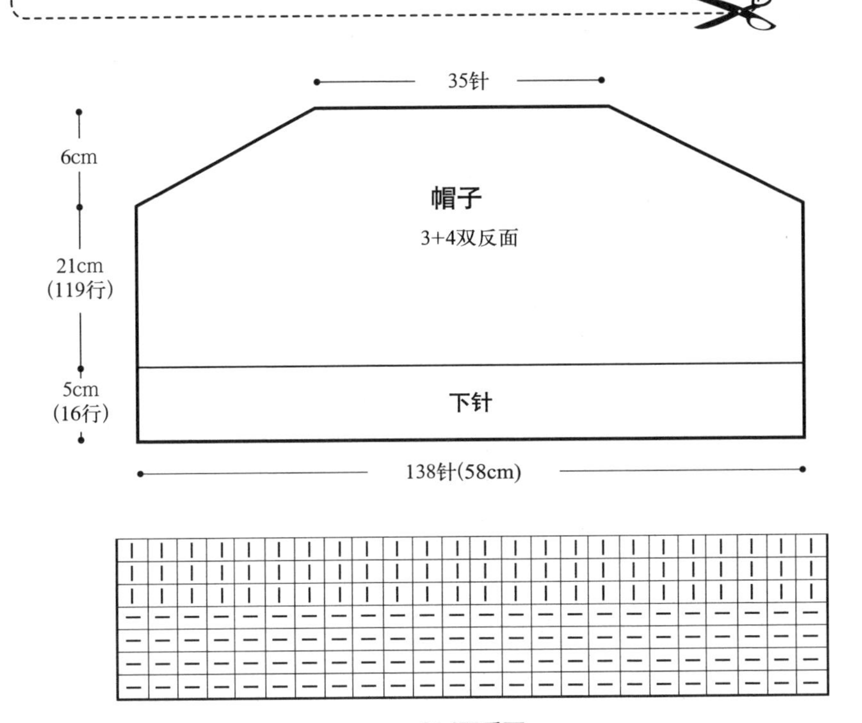

编织要点

❶ 用绕线法起头 138 针（58cm 长），织 16 行下针（5cm）。

❷ 织 3+4 双反面（先织 4 行上针），共织 119 行（21cm）。

❸ 开始织帽顶，第 1、第 2 针下针 2 针并 1 针，第 3、第 4 针下针 2 针并 1 针……到行尾，收成 69 针；再织 9 行下针，继续每 2 针织下针 2 针并 1 针，收成 35 针。

❹ 将两边用钩针缝合成圆筒形，帽顶 1 次收成圆心。

❺ 按下针和双反面的分界线将下针部分折向反面，在前中心装上帽檐内衬，沿着圆周缝合起来。

❻ 做 1 个直径为 7cm 的毛线球装在帽顶中心。

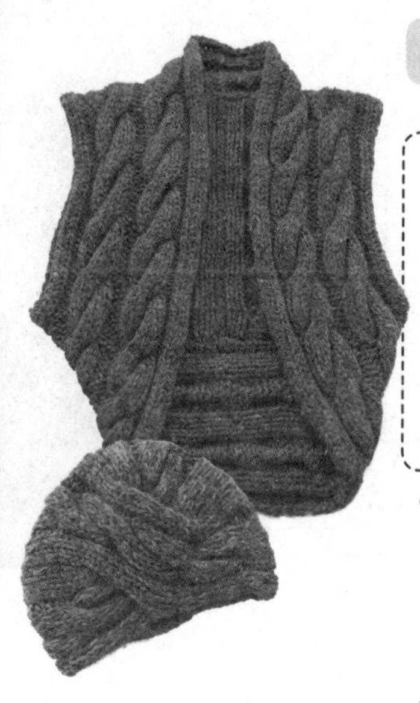

10　彩色page40　编织方法

大绞花背心及绞花帽组合装

原　　料　咖啡色开司米和马海毛共 450 克。用 12 根开司米和 1 根马海毛合成 1 股编织。

棒针直径　7mm。

规　　格　胸围 82cm，衣长 48cm，肩宽 35cm；帽围 50cm，帽深 21cm。

编织要点

背心

整件背心是长条形编织，外圈绞花行数多于内圈行数，通过后背中心线和下摆部分的缝合形成背心。

❶ 按花样 A 用辫子针起 28 针（包括 2 针边针）。

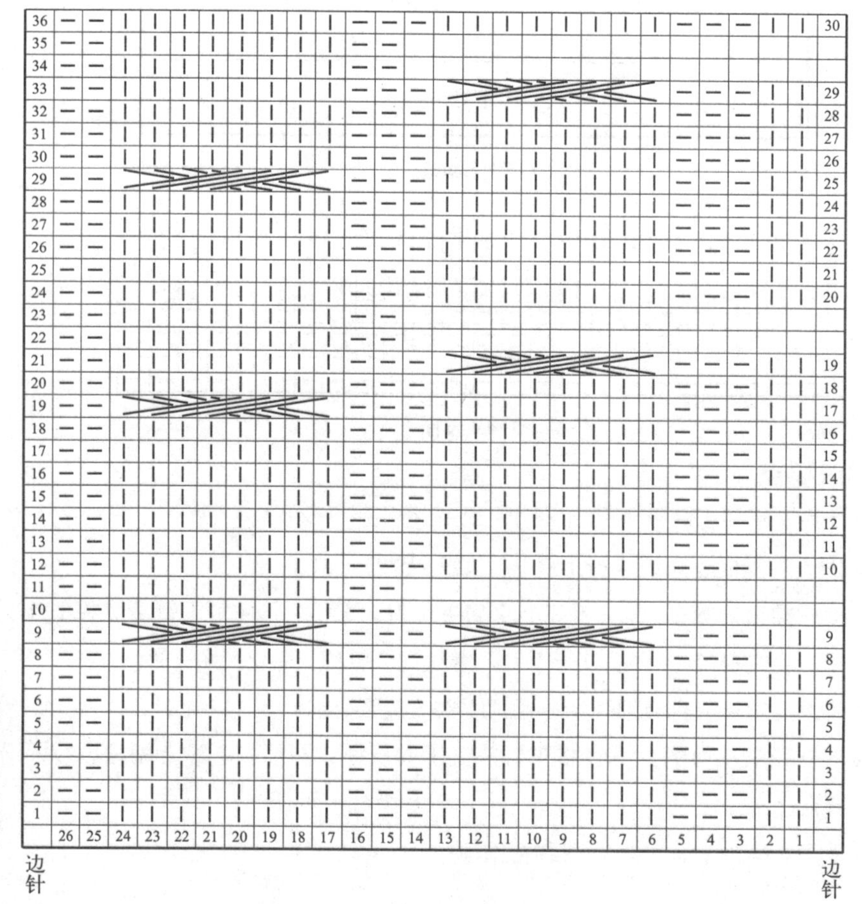

花样A　背心绞花

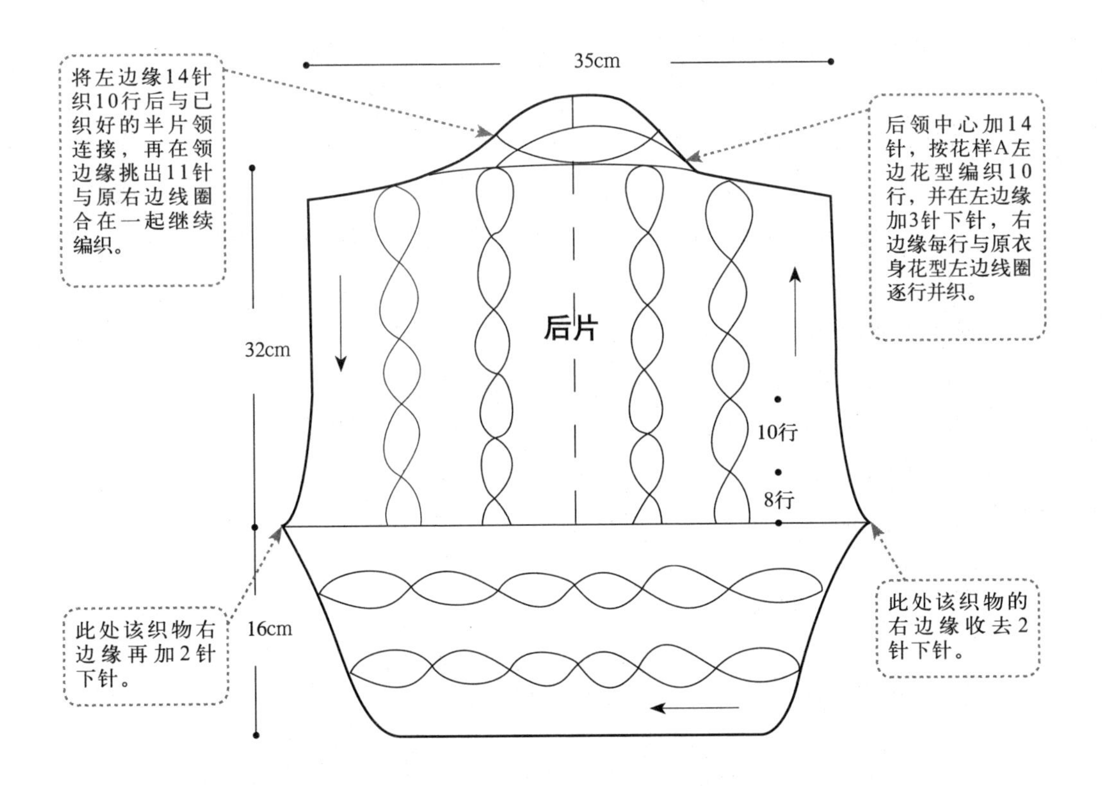
35cm
将左边缘14针织10行后与已织好的半片领连接，再在领边缘挑出11针与原右边线圈合在一起继续编织。
后领中心加14针，按花样A左边花型编织10行，并在左边缘加3针下针，右边缘每行与原衣身花型左边线圈逐行并织。
32cm
后片
10行
8行
16cm
此处该织物右边缘再加2针下针。
此处该织物的右边缘收去2针下针。

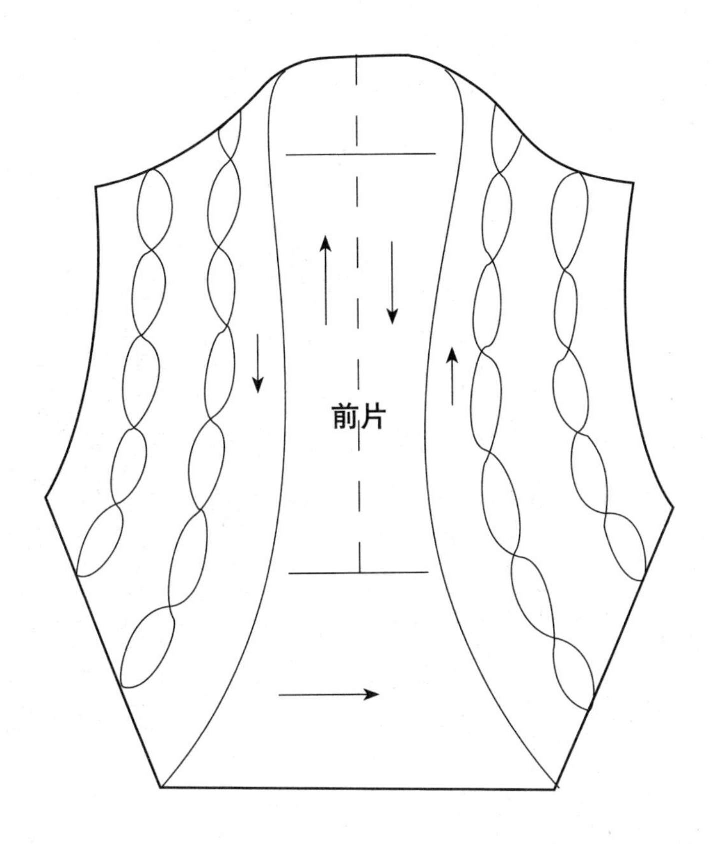
前片

❷ 左右绞花都每织 10 行绞花 1 次，右边每绞花 1 次左边就多织 2 行，织到右边绞花 49 行开始第 5 次绞花，此时左边共多了 10 行，正好进行第 6 次绞花。

❸ 开始编织后领的右半部分，后领中心线位置 1 次加出 14 针，基本按花样 A 左边花型编织 10 行，但左边缘要增加 3 针下针，右边缘每行与原衣身花型左边线圈逐行并结（即原织物上收去了 11 针），再与原花型右边 17 针连接后，每行为 31 针（包括边针，多加的 3 针是领边和门襟边）。

❹ 继续编织到挂肩底水平线，此处正好是内圈 9 次绞花多 8 行，将右边缘收掉 2 针下针（为使下摆和后背的缝合美观），此时整行为 29 针。

❺ 继续编织内圈绞花 7 次多 2 行位置，在右边缘再加出 2 针下针，又恢复到 31 针。

❻ 继续编织内圈绞花 5 次到后领口位置，右边绞花先不织，将左边 14 针织 10 行后与原来织好的半片领连接收针，再在领右侧挑出 11 针与原织物右边 17 针连在一起编织（此时减少了左边缘的 3 针下针）。

❼ 继续编织内圈绞花 4 次多 8 行结束，用辫子针法收针。

❽ 最后将后片中心、下摆和后片及后领左半部分与后片缝合。

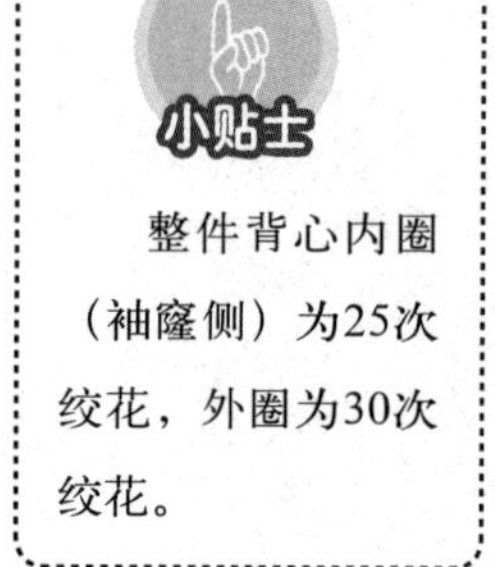

整件背心内圈（袖窿侧）为25次绞花，外圈为30次绞花。

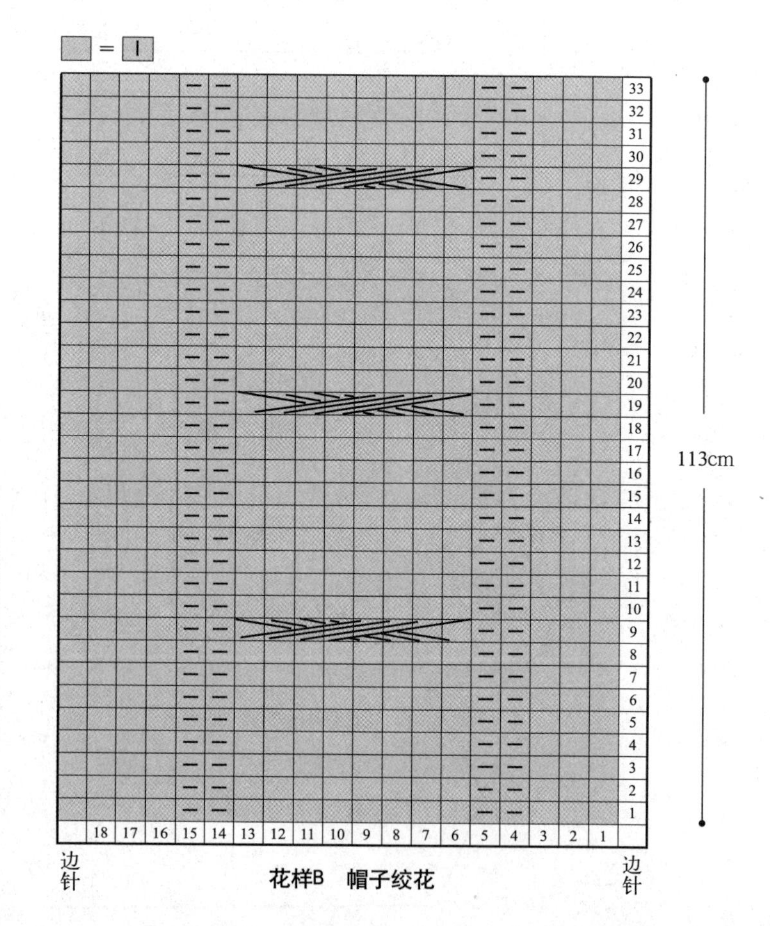

花样B　帽子绞花

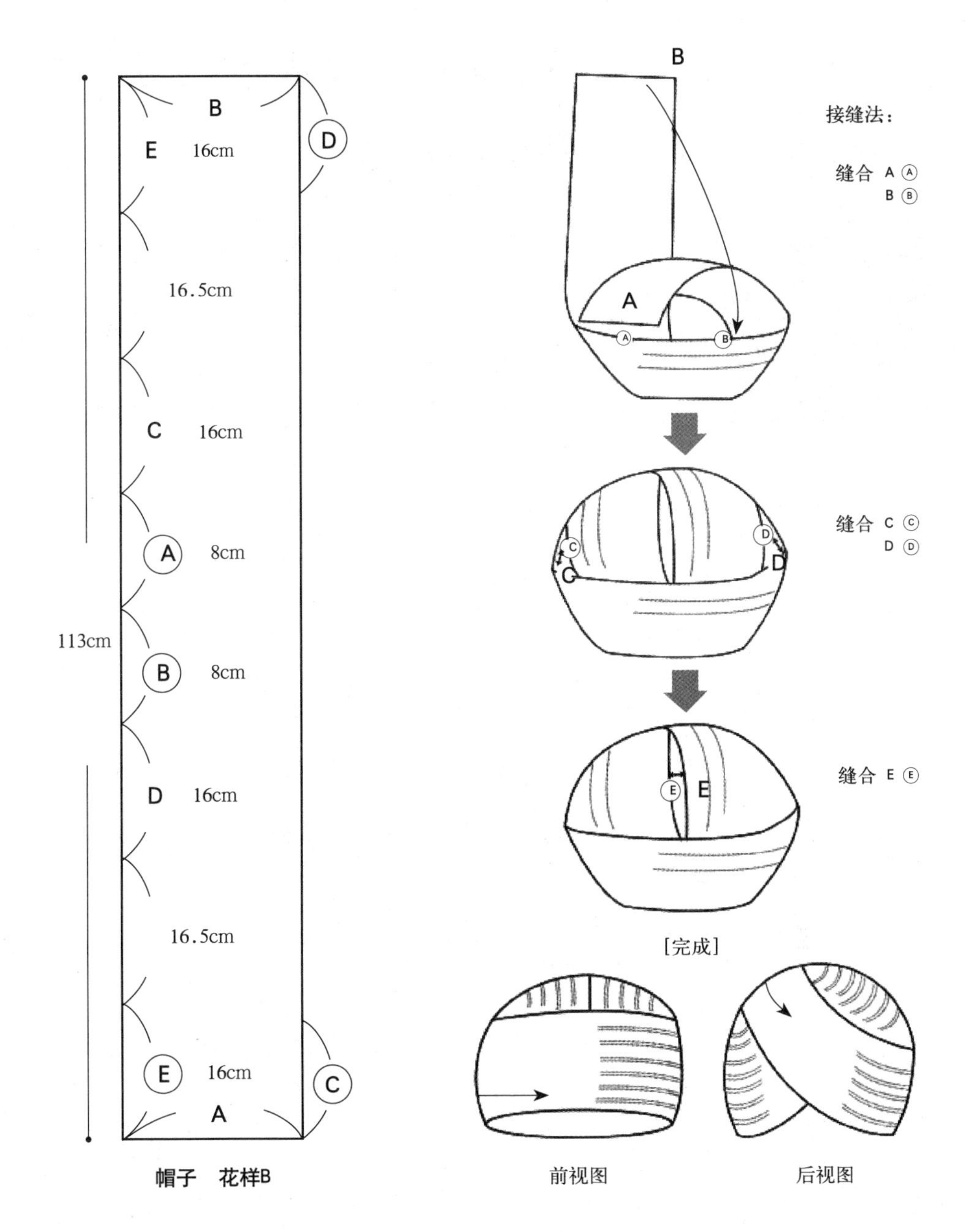

帽子　花样B

前视图　　后视图

帽子

整顶帽子是长条形编织，通过顶端中心线缝合、交叉连接形成帽形式样。

❶ 用辫子针起 20 针，包括 2 针边针，宽 16cm；按花样 B 编织到 113cm 长。

❷ 依照缝合步骤，将长条形织物围成帽子形状，后中心交叉（后视图），两端中心线对齐缝合 16cm，作为帽顶，织物两端宽度方向与帽身前部缝合 16cm，两侧也与帽身缝合 16cm（前视图）。

27 彩色page43 编织方法

斜横条六角帽

原　　料 白色开司米 100 克，白色马海毛 50 克。8 根开司米和 1 根马海毛合成 1 股编织。

棒针直径 4mm，边用 3.5mm。

规　　格 最大周长 72cm，帽深 22cm。

编织要点

帽身分 6 片编织（3+3 双反面），每片先织 3 行上针，再织 3 行下针，重复 4 次，共 30 行。在正面的每行右边针旁加 1 针，织 13 针后连续收 2 针，左边顺势倾斜。6 片织完后与第 1 片缝合起来，再沿帽周长织帽边。按照帽子每片的编织图编织。

❶ 用绕线法起 45 针（包括 2 针边针，26cm）。第 1 行在反面织，全部下针（正面是上针）。

❷ 第 2 行在正面织，按图示编织。此时针上 44 针。

❸ 第 3 行在反面织，全下针（正面是上针）。加针的线圈织扭针。

❹ 第 4 行在正面织，按图示编织。此时针上 43 针。

❺ 第 5 行在反面织，全上针（正面是下针）。加针的线圈织扭针。

❻ 第 6 行在正面织，按图示编织。此时针上 42 针。

❼ 以后重复第 1~ 第 6 行，织到 30 行时针上 30 针，从左边缘 1 次挑出 15 针，恢复到 45 针。

❽ 用同样的方法织后 5 片，将第 6 片与第 1 片在反面连接起来。

❾ 再用细一号的棒针沿着边缘均匀挑起 75 针织帽边，连续织 15 行下针后收针，使帽边自然向外卷曲（卷边宽度为 3cm），帽深为 22cm。

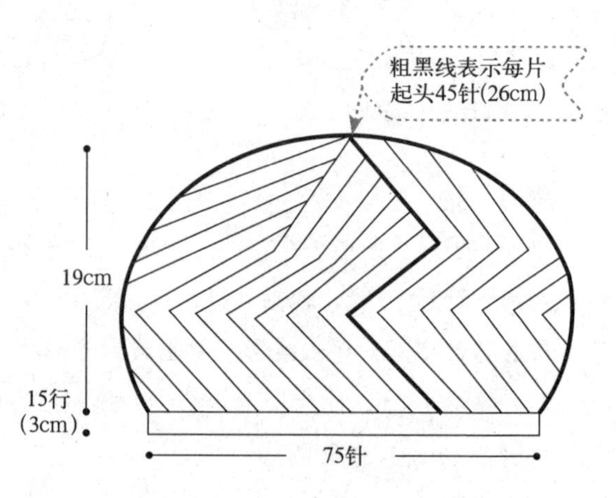

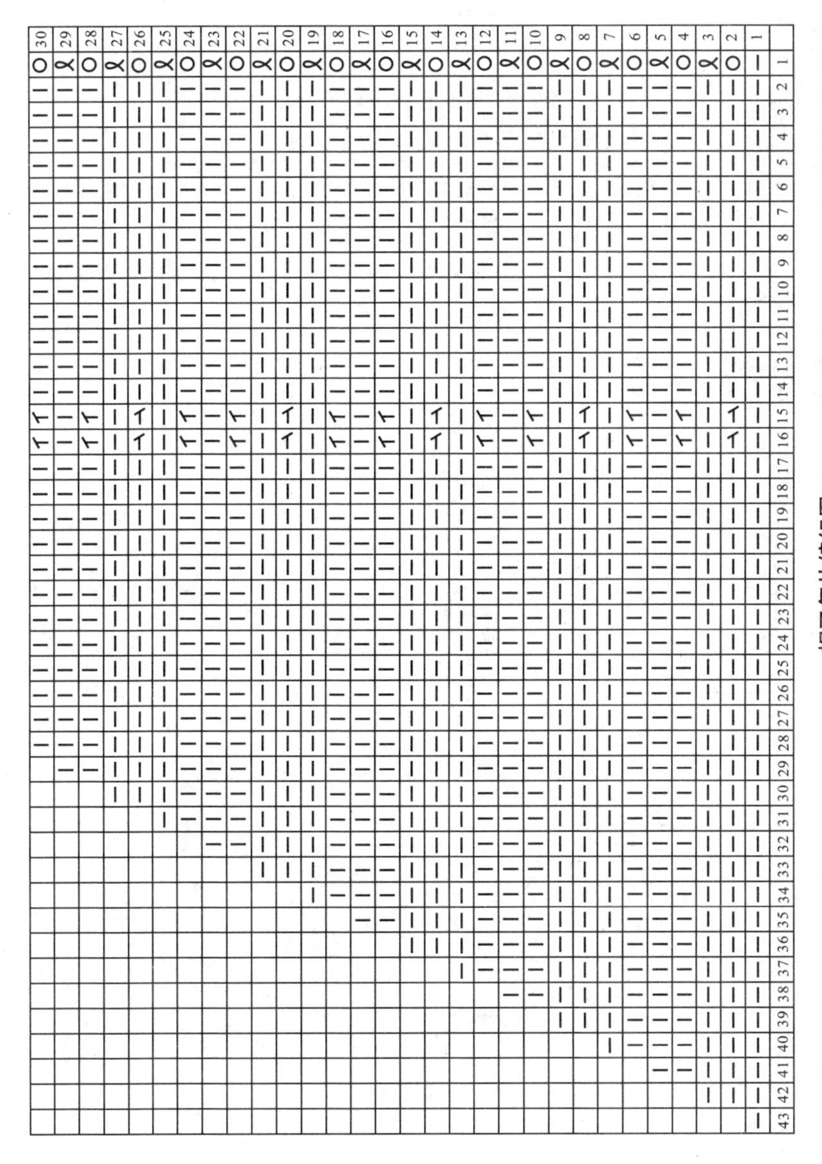

帽子每片编织图

15　彩色page41　编织方法

棒针五边形拼花披肩

原　　料　淡紫色羊毛开司米 800 克（12 根）。

棒针直径　5.5mm 。

规　　格　单元花五边形边长 12cm，高 18cm，衣长 55cm，袖边长 16cm，领边 10cm，下摆边 13cm。

组织结构　大身为五边形拼花，下摆、领口和袖边均为罗纹复合组织

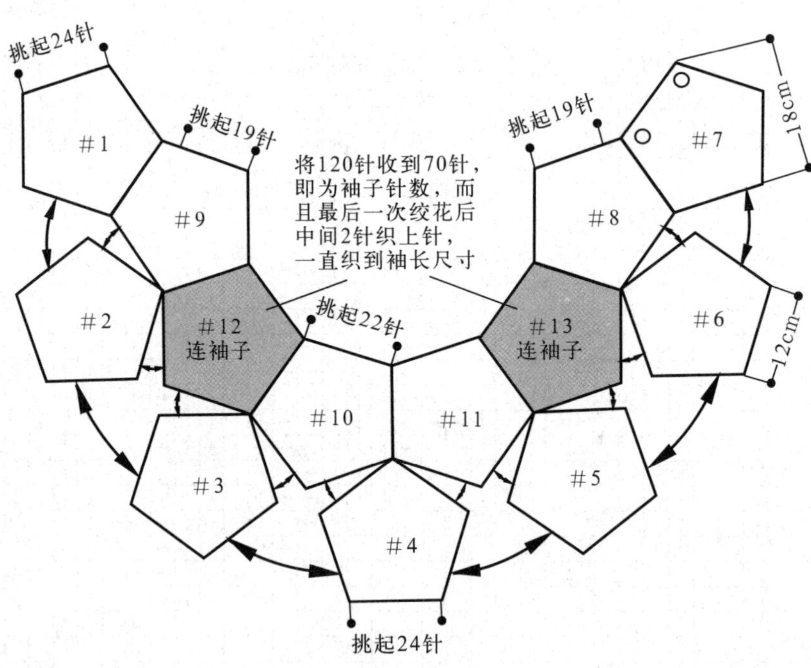

编织要点

❶ 按编织图和结构图逐个编织五边形拼花（120 针从外向内编织），注意编织完一片就挑起边缘的线圈再起出针数以达到下一个 120 针，这样 13 枚花样就连起来了，并按结构图在 #7 花样边缘开 2 个纽孔。

❷ 袖边：将 #12、#13 花片织到 70 针时，不再减针，继续编织到第三次绞花，以后

将8针绞花的中间2针织上针，形成2+2罗纹1次和3+2罗纹2次的复合组织，重复5次，16cm长。

❸ 下摆边：沿每片花样边缘直向每边挑起24针，#1、#7花片挑2条边，下摆共挑9条边，即24×9+2=218针，根据花型再绞花一次，也可继续绞花到结束，按个人嗜好来定。

❹ 领口：每边直向挑起22针（两花交接处左右各少挑1针），共挑6条边，#8、#9左右两边缘挑19针，22×6+19×2+2=172针，按原规律再绞花一次，织到4cm将3针下针处都减去1针，到7cm时将所有2针上针都减成1针，编织到结束。

❺ 沿门襟边缘钩1行短针、1行退钩短针。

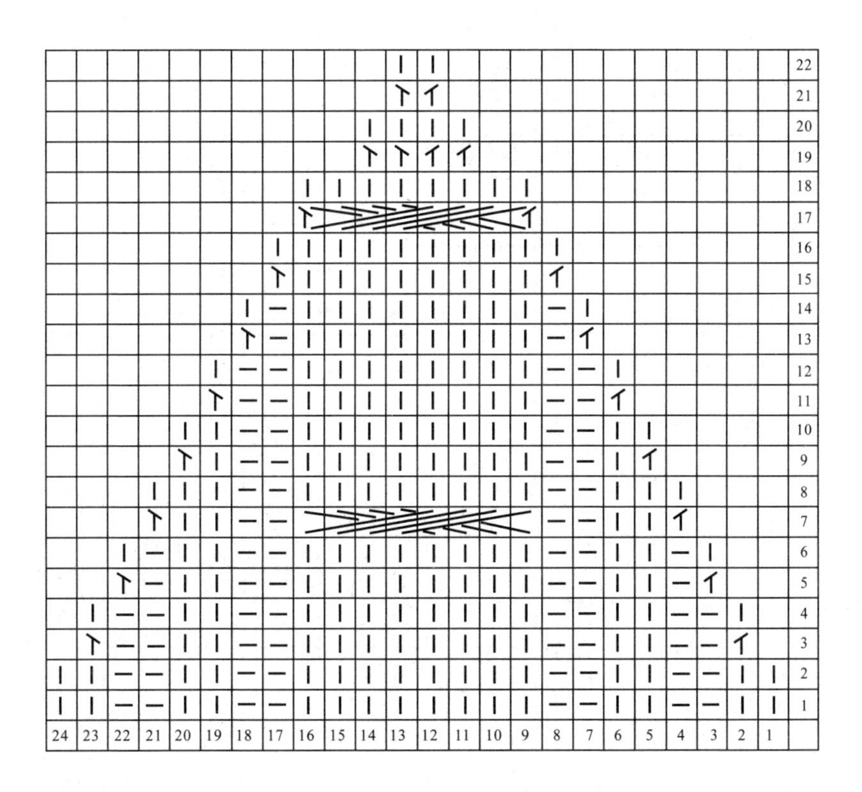

26　彩色page43　编织方法

螺旋形婴儿帽

原　　料　红色开司米 75 克，白色、黑色开司米少许。3 根开司米合成 1 股编织。

棒针直径　2.5mm。

规　　格　帽身最大周长 65cm，帽边宽 1cm，帽深 14cm。

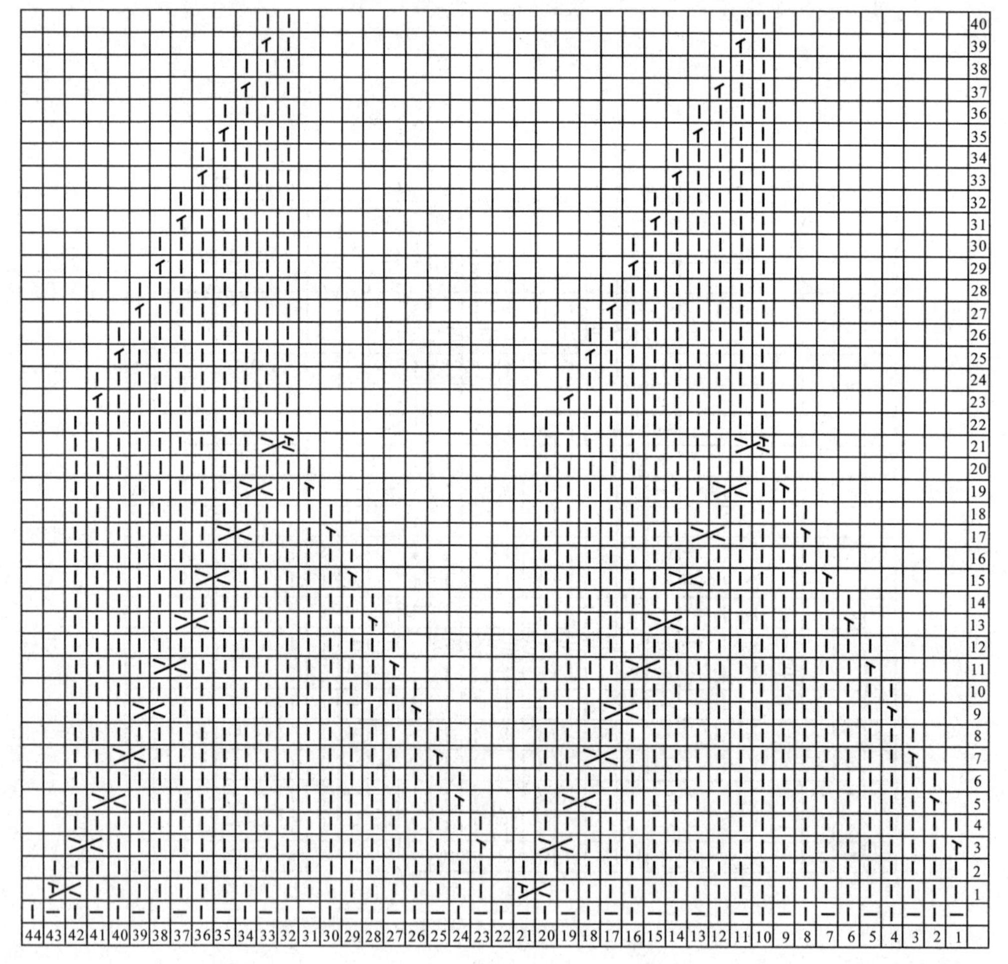

花型编织

编织要点

❶ 用上下针起针法起 154 针。然后第 1 圈上针挑下针织、第 2 圈下针挑上针织，2 圈共完成 1 行，依此再重复编织 6 圈，共编织 4 行空气层（双层）帽边（1cm 宽）。再编织 10 行下针。

❷ 然后按花型编织。22 针为 1 个花宽，154 针共 7 个花宽。
❸ 第 1 行先织 19 针下针后，织 2 针左上交叉针，其中前 1 针织下针、后 1 针与下 1 针织下针拨收 1 针，再重复 6 次。整行共 147 针。
❹ 第 2 行全下针，整行 147 针。并将最后 1 针不织移到第 3 行作为第 1 针，即起始点位置右移 1 针。
❺ 以此类推，按图示花型编织，每 2 行减少 7 针。
❻ 织到第 39 行、第 40 行，整行共 14 针。将 14 针一起收针。

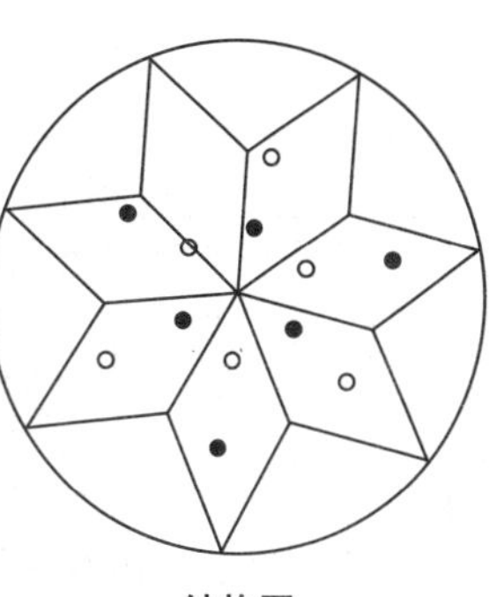
结构图

用少量白色、黑色开司米绣多个卷针小球装饰在帽身上，并在帽顶中心装 3cm 长的手编红色小圆带。

25 彩色page43 编织方法

大绞花辫子帽

原　　料　白色特粗棒针线 125 克，白色开司米 125 克。1 根特粗棒针线和 6 根开司米合成 1 股编织。

棒针直径　8mm。

规　　格　帽身最大周长 60cm，帽深 24cm。

编织要点

❶ 绕线法起 9 针，按花型图编织辫子。
❷ 编织到所需的辫子长度（45cm），开始按花型图两边加针，使 9 针增加 15 针，再用辫子针法一次起 17 针后断线，针上的线圈暂不编织。
❸ 用同样的方法重新起针编织第 2 条辫子，按❷的编织方法加 15 针、起 17 针。
❹ 将所有线圈围成圆筒形，用 4 根棒针编织，整圈 64 针，按花型图编织。编织到第 20 行开始均匀收针，剩下 48 针。
❺ 将 48 针一起收成帽顶圆心。
❻ 在帽子的边缘钩 1 行短针（除 2 根辫子外）。
❼ 做 1 个直径 12cm 的毛线球装在帽顶，再做 2 个直径为 8cm 的毛线球分别装在辫子末端。

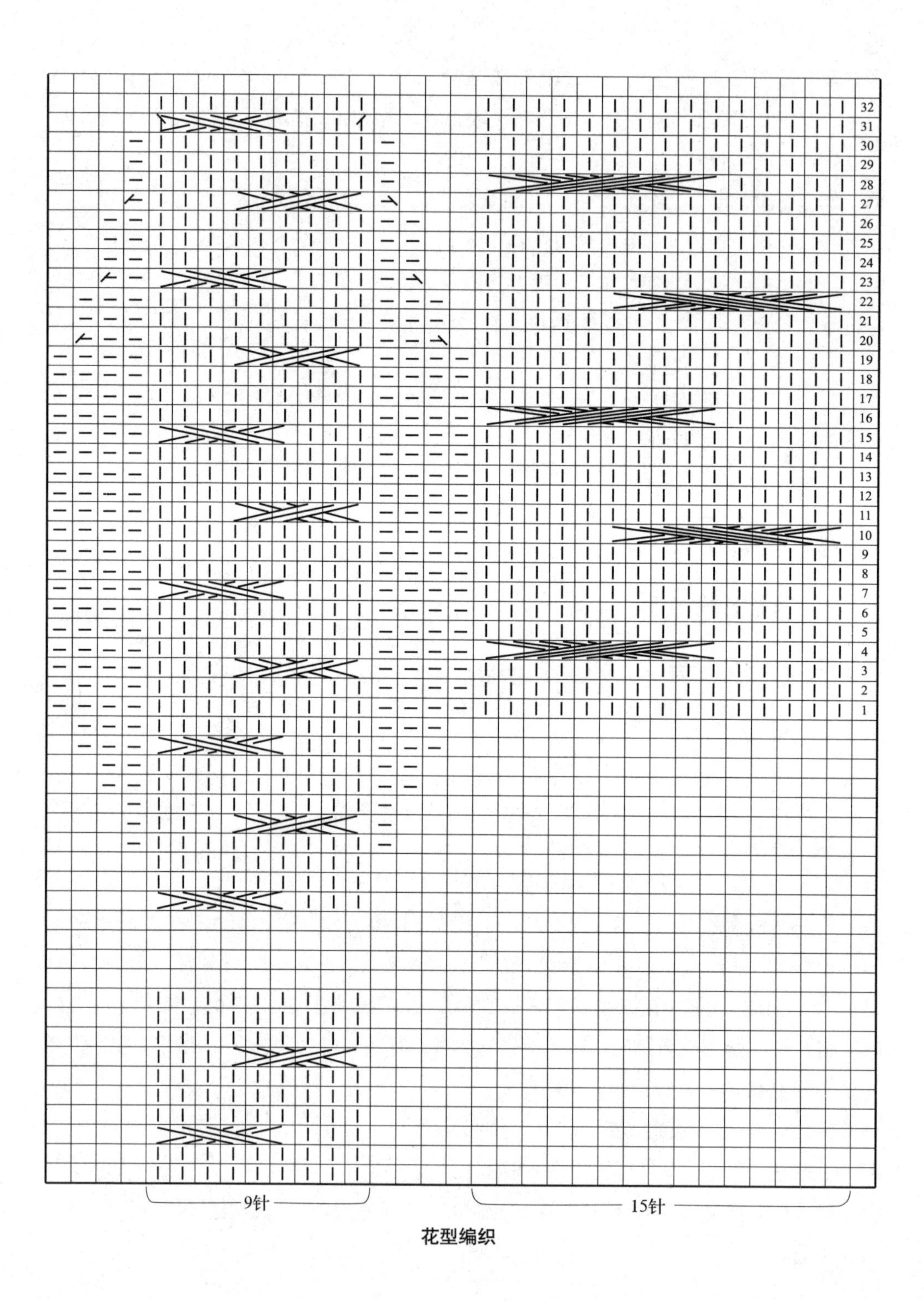
32
31
30
29
28
27
26
25
24
23
22
21
20
19
18
17
16
15
14
13
12
11
10
9
8
7
6
5
4
3
2
1
9针
15针

花型编织

28　彩色page43　编织方法

斜罗纹时尚帽

原　　料　黑色羊毛线125克。

棒针直径　3.5mm。

规　　格　帽顶最大直径14cm，帽身最大周长60cm，帽边周长52cm，帽边宽1.5cm，帽深20cm。

编织要点

整个帽子从帽边向帽顶方向用四根棒针编织。

帽边

用上下针起针法起96针，第1圈挑上针，编织下针；第2圈编织上针，挑下针。这样编织2圈形成第1行。再重复编织6圈，共形成4行空气层边，帽边宽约1cm。

帽顶

将96针平均分成6等份，每份16针，按图示花型编织，每一等份第1、第2针都是上针2针并1针、后面1针上针、1针下针（扭针），重复到行尾。这样每行减少6针，织到第15行，每1等份只剩1针，整圈共6针，一起收针。

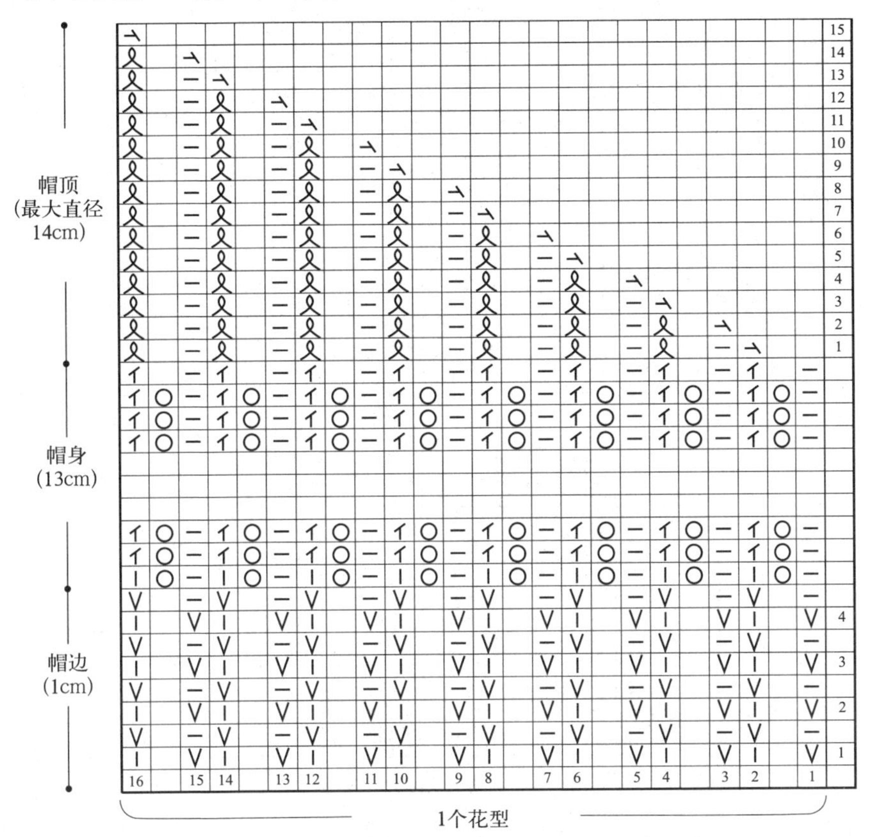

花型编织

23　彩色page43　编织方法

头带式时尚帽

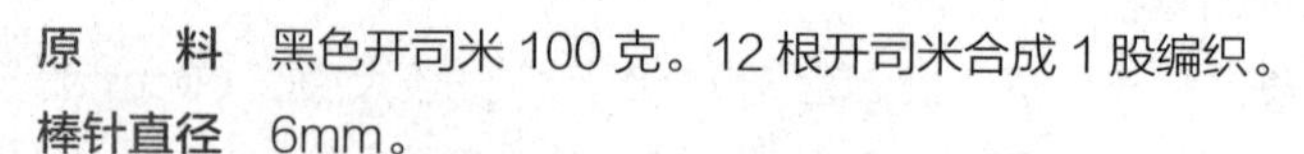

原　　料　黑色开司米 100 克。12 根开司米合成 1 股编织。

棒针直径　6mm。

规　　格　头带长 57cm，宽 19cm，系带长 35cm。

编织要点

❶ 钩 8 针辫子针围成圈，再钩 3 针辫子针、2 针长针、3 针辫子针形成 1 个小花瓣，再重复 2 次，共形成 3 片小花瓣。

❷ 另外加 1 根相同的线，用双辫子针法钩 1 条 35cm 长的带子，带子钩完后，留下 2 针穿入棒针内，将添加的线卸除，开始用棒针编织头带。

❸ 以带子上的 2 针为中心，按要求分别向两边加针。编

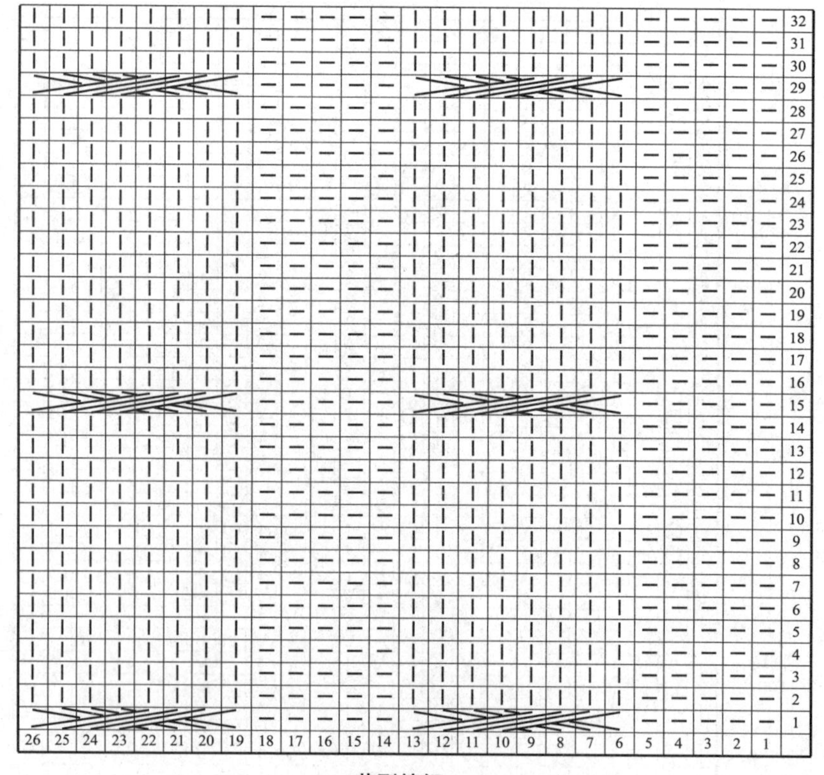

花型编织

织绞花花型。花型排列为：1 针边针、3 针下针、5 针上针、8 针绞花针、5 针上针、8 针绞花针、5 针上针、8 针绞花针、5 针上针、3 针下针、1 针边针。

❹ 织至要求的长度，开始两边收针，收到最后 2 针再添加相同的线，用钩针钩 1 条 35cm 长的双辫子带子，再钩起针时同样的 3 片小花瓣。

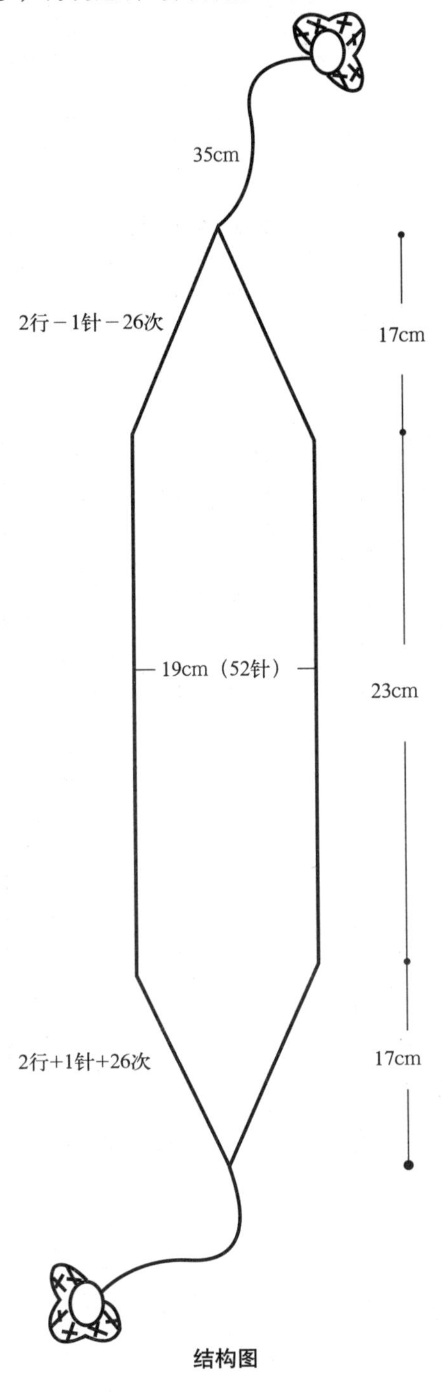

结构图

30　彩色page44　编织方法

棒针长披肩

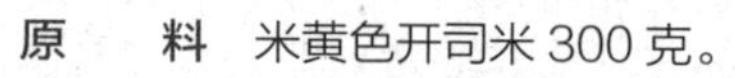

原　　料　米黄色开司米300克。

棒针直径　2.5mm（2根进线），3.5mm（5根进线）。

规　　格　胸围85cm，衣长70cm，挂肩21cm，肩宽35cm，后领阔23cm，袖长65cm，袖山高12cm，下摆边、袖口边、领口边7cm，系带（2根）长36cm。

组织结构　该披肩有3种组织结构，第1、第2种2根进线，第3种5根进线。

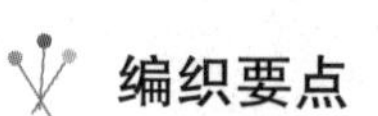

编织要点

❶ 2根进线按组织1和大身、袖子结构图编织前后片、袋片和袖片，并缝合起来。

❷ 2根进线按组织2编织长条形边，可分成若干段编织，连接起来缝合到衣片上。

❸ 5根进线按组织3编织长条花边，可分成若干段编织，连接起来缝合到衣片上。

❹ 在合适位置装上系带。

6.5cm
2cm
20cm
18针
6cm
组织1
2根
组织2
2根
组织3
5根
29针
10cm
6cm
7cm
37cm
6cm
12cm
口袋
组织1
编织方向

前片

小贴士　门襟边、领边及下摆边连起来编织，共26个花宽，后领部分3个花宽、下摆部分5个花宽、两边门襟及边各9个花宽。如果连织不方便，可分成若干段编织。

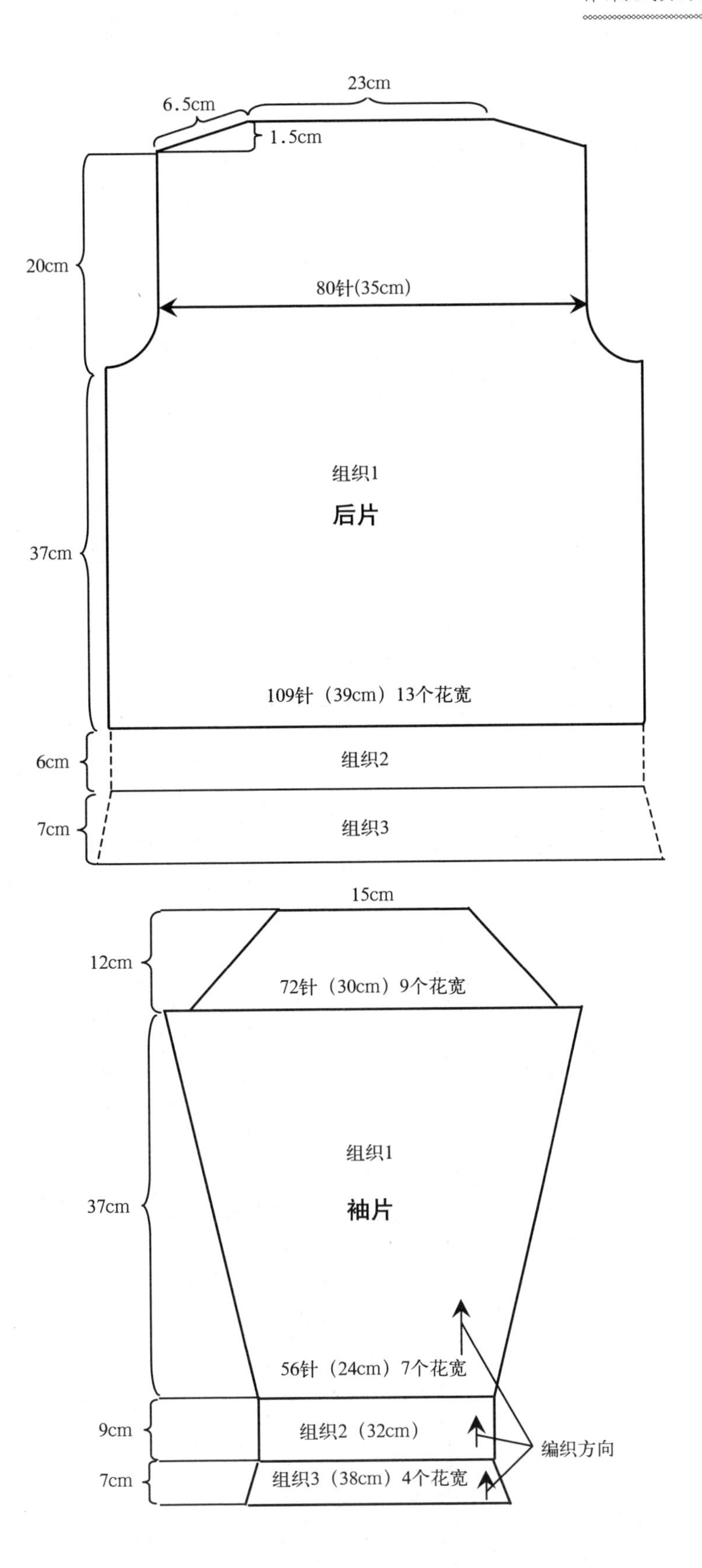
23cm
6.5cm
1.5cm
20cm
80针(35cm)
组织1
后片
37cm
109针（39cm）13个花宽
6cm
组织2
7cm
组织3
15cm
12cm
72针（30cm）9个花宽
组织1
袖片
37cm
56针（24cm）7个花宽
9cm
组织2（32cm）
编织方向
7cm
组织3（38cm）4个花宽

丨	丨	丨	丨	丨	丨	丨	丨	丨	丨	丨	丨	丨	丨	丨	丨	8
丨	O	个	O	丨	丨	丨	丨	丨	O	个	O	丨	丨	丨	丨	7
丨	丨	丨	丨	丨	丨	丨	丨	丨	丨	丨	丨	丨	丨	丨	丨	6
O	入	丨	人	O	丨	丨	丨	O	入	丨	人	O	丨	丨	丨	5
丨	丨	丨	丨	丨	丨	丨	丨	丨	丨	丨	丨	丨	丨	丨	丨	4
丨	O	个	O	丨	丨	丨	丨	丨	O	个	O	丨	丨	丨	丨	3
丨	丨	丨	丨	丨	丨	丨	丨	丨	丨	丨	丨	丨	丨	丨	丨	2
O	入	丨	人	O	丨	丨	丨	O	入	丨	人	O	丨	丨	丨	1
16	15	14	13	12	11	10	9	8	7	6	5	4	3	2	1	

组织1

丨	丨	丨	丨	丨	丨	丨	丨	4
入	O	入	O	入	O	入	O	3
丨	丨	丨	丨	丨	丨	丨	丨	2
O	入	O	入	O	入	O	入	1
8	7	6	5	4	3	2	1	

组织2

丨	丨	丨	丨	丨	丨					丨				丨				丨					丨	丨	丨	丨	丨	丨	丨	丨	丨	丨					丨				丨				丨					丨	丨	丨	丨	丨	14
丨	O	入	O	丨	人					人				人				人					人	O	人	O	丨	O	入	O	丨	人					人				人				人					人	O	人	O	丨	13
丨		丨	丨	丨	丨		−			丨	−			丨	−			丨	−				丨	丨	丨	丨	丨		丨	丨	丨	丨		−			丨	−			丨	−			丨	−				丨	丨	丨	丨	丨	12
人		O	入	O	入		−			丨	−			丨	−			丨	−				人	O	人	O	个		O	入	O	入		−			丨	−			丨	−			丨	−				人	O	人	O	入	11
丨		丨	丨	丨	丨	丨	−			丨	−			丨	−			丨	−			丨	丨	丨	丨	丨	丨		丨	丨	丨	丨	丨	−			丨	−			丨	−			丨	−			丨	丨	丨	丨	丨	丨	10
丨		丨	O	人	O	丨	⋋			丨	⋋			丨	⋋			丨	⋋			丨	O	入	O	丨	丨		丨	O	人	O	丨	⋋			丨	⋋			丨	⋋			丨	⋋			丨	O	入	O	丨	丨	9
丨		丨	丨	丨	丨		−	−		丨	−	−		丨	−	−		丨	−	−			丨	丨	丨	丨	丨		丨	丨	丨	丨		−	−		丨	−	−		丨	−	−		丨	−	−			丨	丨	丨	丨	丨	8
丨		O	丨	O	丨		−	−		丨	−	−		丨	−	−		丨	−	−			丨	O	丨	O	丨		O	丨	O	丨		−	−		丨	−	−		丨	−	−		丨	−	−			丨	O	丨	O	丨	7
丨			丨		丨		−	−		丨	−	−		丨	−	−		丨	−	−			丨		丨		丨			丨		丨		−	−		丨	−	−		丨	−	−		丨	−	−			丨		丨		丨	6
丨			O		丨		−	⋋		丨	−	⋋		丨	−	⋋		丨	−	⋋			丨		O		丨			O		丨		−	⋋		丨	−	⋋		丨	−	⋋		丨	−	⋋			丨		O		丨	5
丨					丨		−	−	−	丨	−	−	−		−	−	−		−	−	−		丨				丨					丨		−	−	−	丨	−	−	−	丨	−	−	−	丨	−	−	−		丨				丨	4
丨					丨		−	−	−	丨	−	−	−		−	−	−		−	−	−		丨				丨					丨		−	−	−	丨	−	−	−	丨	−	−	−	丨	−	−	−		丨				丨	3
丨					丨		−	−	−	丨	−	−	−		−	−	−		−	−	−		丨				丨					丨		−	−	−	丨	−	−	−	丨	−	−	−	丨	−	−	−		丨				丨	2
丨					丨		−	−	−	丨	−	−	−		−	−	−		−	−	−		丨				丨					丨		−	−	−	丨	−	−	−	丨	−	−	−	丨	−	−	−		丨				丨	1
																																18		17	16	15	14	13	12	11	10	9	8	7	6	5	4	3		2				1	

组织3

19 彩色page42 编织方法 婴儿鞋

原　　料 黄色中粗羊毛线 50 克，黄色珠子 22 粒。

棒针直径 4mm。

规　　格 鞋底长 10cm，宽 5.5cm。

编织要点

婴儿鞋分鞋底、鞋身、鞋头和鞋帮四部分，鞋底、鞋身编织 1+1 双反面（即 1 行下针、1 行上针交替），鞋面和鞋帮编织 2+2 罗纹，鞋帮边缘钩扇形花。

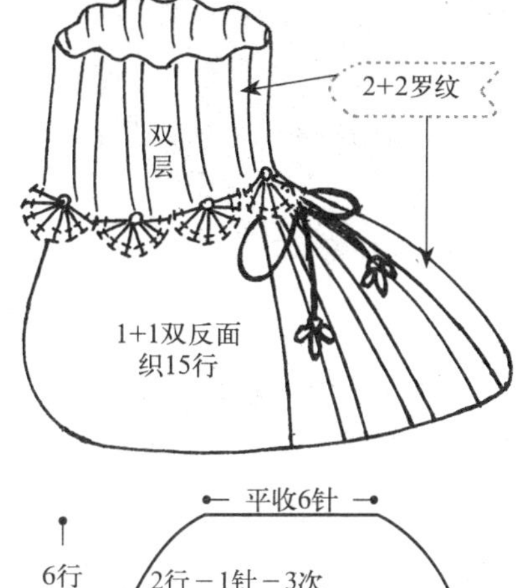

鞋底

用辫子针起 6 针，按图示要求编织，最后用辫子收针法逐针收完。

鞋头｜鞋身

❶ 将毛线引到鞋底边缘中心位置，开始挑起 26 针（鞋头 6 针，左右两边各 10 针），将鞋底的另一半边缘挑起 24 针。

❷ 26 针织 2+2 罗纹（正面两边均为 2 针下针），另一半 24 针织 1+1 双反面，一起编织 15 行，高度为 4cm。

❸ 将 26 针 2+2 罗纹一次收成 1 针并锁口。

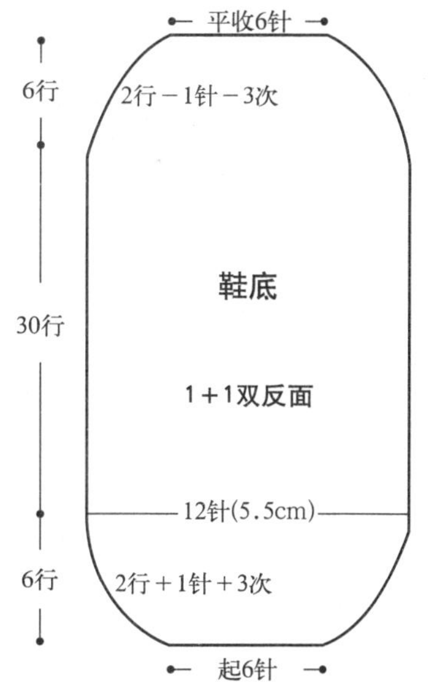

鞋帮

❶ 将 24 针均匀加 12 针后（每织 2 针加 1 针，加到 36 针），开始编织 2+2 罗纹。

❷ 织到 8cm 高双层翻边，高度为 4cm，也可根据自己的要求确定高度。

❸ 将 2+2 罗纹边缘用辫子针法收口，每收 4 针将线圈拉长穿入 1 粒珠子，整圈共 9 粒。

❹ 在鞋帮边缘用钩针反向钩 1 圈扇形花，扇形花为插入边缘有珠子的位置连续钩 8 针长针组成，根据长针长度用拉针与边缘连接，整圈共 9 个扇形花。

最后钩1根40cm长的系带，穿在鞋帮和鞋身交接位置，并在两端钩上5针辫子针小圆圈，外圈两端各1针短针，其余9针长针，并钉上1粒珠子。

6 彩色page39 编织方法

小披肩

原　　料 深咖啡色开司米 100 克，2 根开司米合成 1 股编织。

棒针直径 棒针 2.5mm，钩针 2mm。

规　　格 胸围 72cm，衣长 40cm。

组织结构 披肩前片编织 1+1 罗纹，后片编织下针，门襟、下摆、袖边钩扇形花。

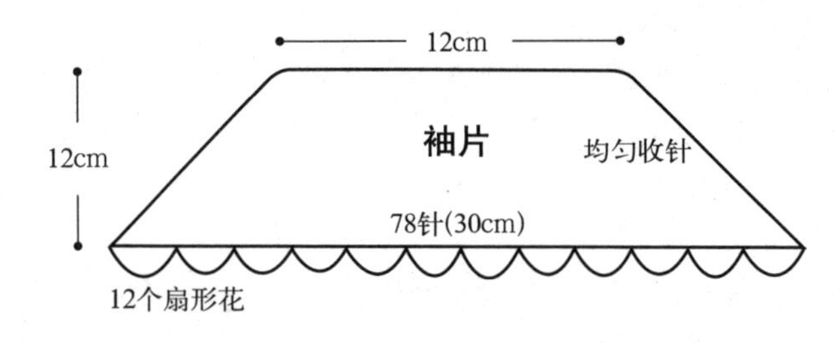

扇形花

76针(29cm)

5.5cm

5.5cm

17cm

收针先快后慢

后片

下针

21cm

94针(36cm)

14个扇形花

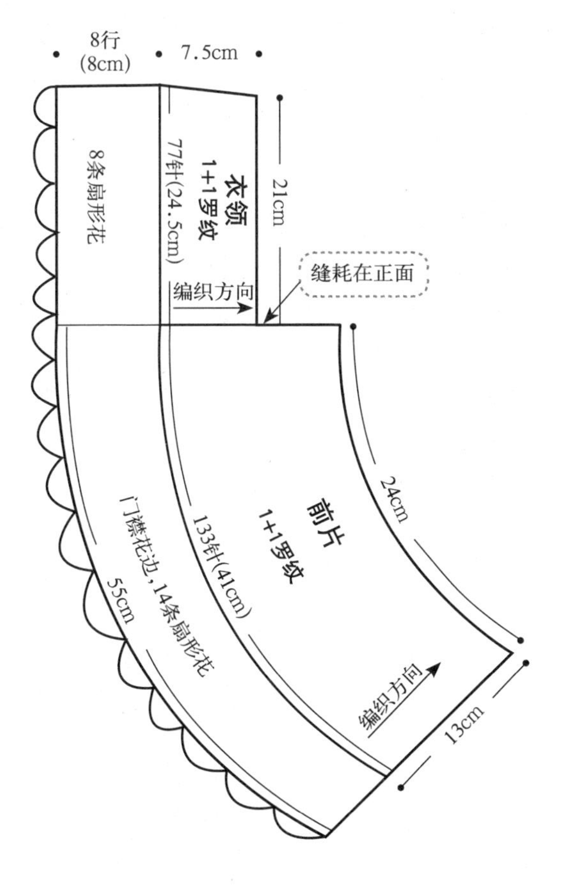

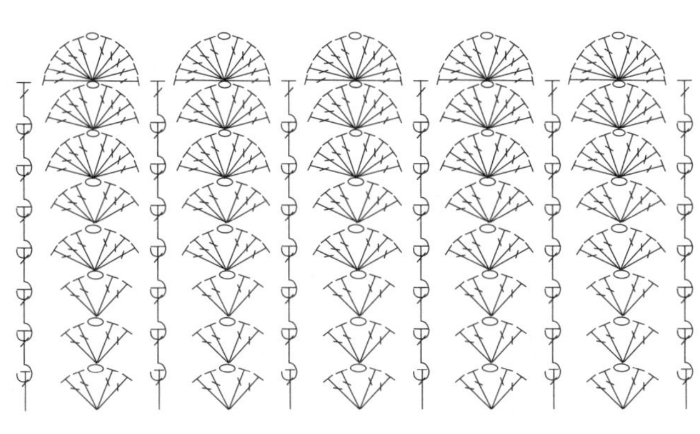
扇形花边

编织要点

前片

辫子针法起133针，织1+1罗纹13cm长后，用上下针法收针。

衣领

辫子针法起77针，织1+1罗纹7.5cm长后，用辫子针法收针。

后片

辫子针法起94针，织下针21cm长后，进行挂肩收针，根据先快后慢的原则，两边各收去9针，平织到38cm长。

袖片

辫子针法起78针，织下针，两边均匀收针，袖山高12cm、宽12cm平收。

将前后衣片、袖片缝合起来。

花边的编织方法

沿着门襟边缘用3根开司米合成1股钩扇形花，前门襟14条扇形花，后领边8条扇形花，共8行（8cm宽），第8行从正面与后片下摆连起来钩，后片下摆钩14个扇形花。袖口边缘钩扇形花边。

小贴士 扇形花从衣身反面方向钩，2个扇形花对应衣身上的19针1+1罗纹。

29 彩色page44 编织方法

棒针长套衫

原　　料 浅咖啡色开司米800克。

棒针直径 3.5mm（罗纹）、7mm（平针）。

规　　格 胸围84cm，衣长80cm，下摆边14cm。

组织结构 该长套衫由1+1罗纹和大绞花组成，下摆边、袖子下部分、领边及领子均为8根进线用细针编织1+1罗纹；衣身部分20根进线总针数减少一半用粗针编织，图示为大绞花结构。而且衣服和衣领分开编织，形成脱卸式。

编织要点

❶ 按大身和袖子工艺图分别编织前后片和2个袖片。

❷ 把侧缝和挂肩缝合起来。

❸ 将领口8根进线前后共挑起180针（前后领口各54针、袖山各36针）编织1+1罗纹组织9cm长，30cm宽。

❹ 衣领：用细针8根进线上下针起头120针编织1+1罗纹31cm长后收口，宽度为22cm。

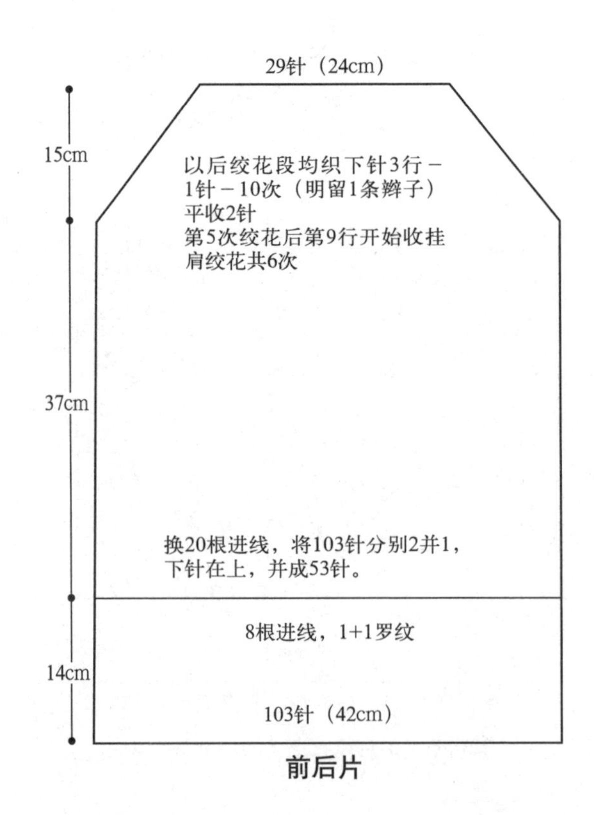

前后片

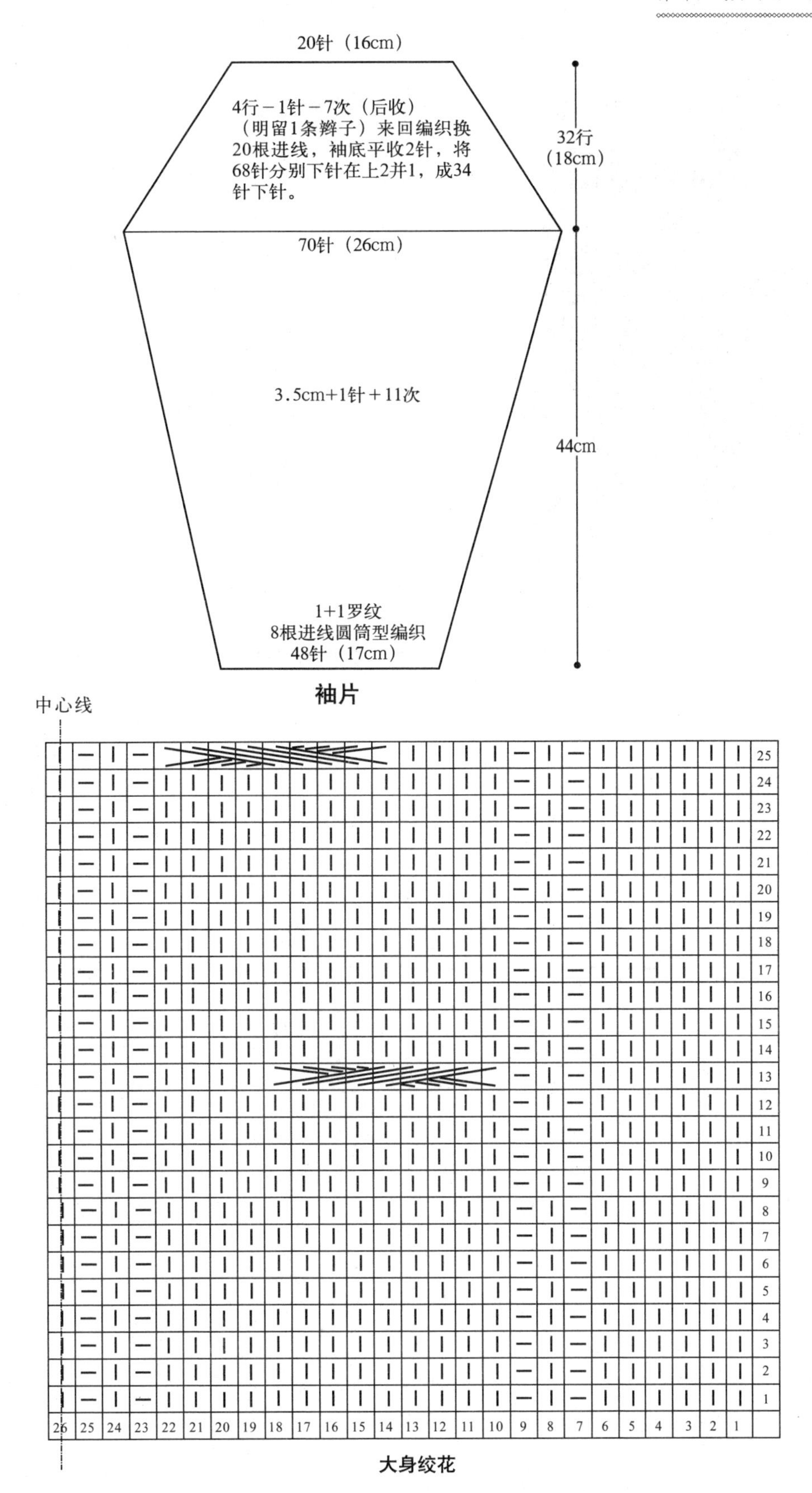
20针（16cm）
4行－1针－7次（后收）
（明留1条辫子）来回编织换20根进线，袖底平收2针，将68针分别下针在上2并1，成34针下针。
32行
(18cm)
70针（26cm）
3.5cm+1针＋11次
44cm
1+1罗纹
8根进线圆筒型编织
48针（17cm）
中心线

袖片

大身绞花

5 彩色page39 编织方法

钩边袖子披肩

原　　料　藏青色开司米 300 克。6 根开司米合成 1 股编织。

棒针直径　棒针 3mm，钩针 2mm。

规　　格　衣长 49.5cm，领边、门襟边 9.5cm，袖边 8cm。

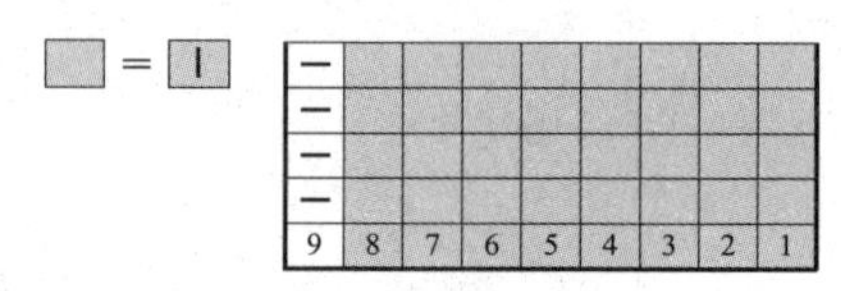

8＋1罗纹

小贴士　在合适的位置钩2根30cm长的系带装上即可。

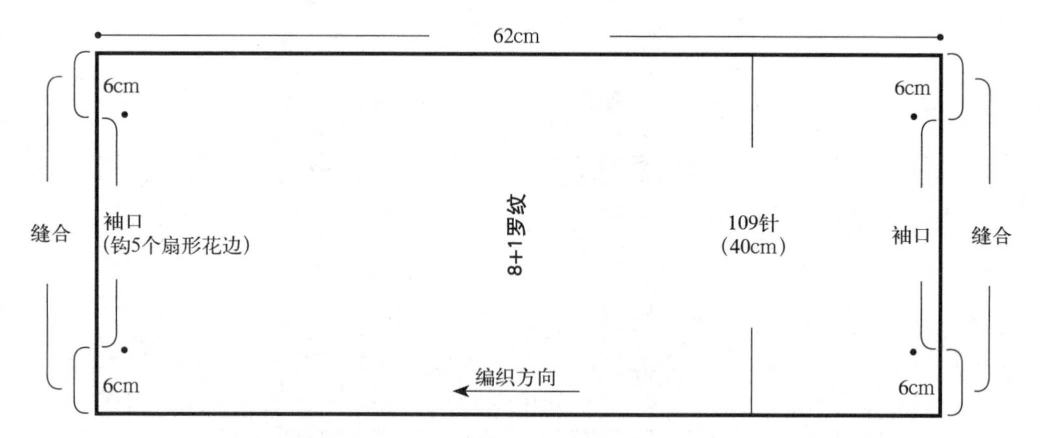

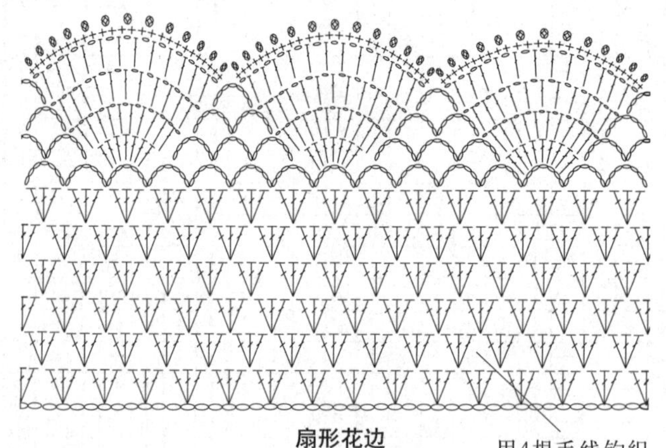

扇形花边

小贴士　门襟、下摆边长针形成的小花型钩6行，袖口边钩4行。

编织要点

衣片

❶ 用辫子针起 109 针，然后织 8+1 罗纹，每个花宽 9 针，共 12 个花宽，行尾去掉 1 针上针，再加 2 针边针，共 109 针。编织到要求长度后，用辫子针收针法收针。

❷ 将披肩宽度方向对折，两边为袖口，对折后为 6 个花宽，缝合 2 个花宽的距离，袖口宽度为 4 个花宽。

门襟边

宽度方向两边缝合后，长度方向两边连了起来，使左右门襟、下摆、领口连接在一起，沿着此边缘用 4 根开司米合成 1 股钩花边。

❶ 第 1 圈钩 3 针辫子针作为起立针代替第 1 针长针、2 针长针（均插入起始点），3 针长针（空开 2 针辫子插入），重复到行尾，首尾用拉针连接，整圈共 115 个 3 针长针组成的小花型。

❷ 第 2 圈钩 3 针辫子针作为起立针代替第 1 针长针、2 针长针（均插入起始点）、3 针长针（插入前 1 行两个小花型之间），重复到行尾。

❸ 重复步骤❷到❸，共钩 6 圈（5cm）。

❹ 第 7 行钩由 7 针辫子针形成的网格，用拉针与长针小花型之间连接，重复到行尾，最后 1 个网格钩 3 针辫子针和 1 针长针，为下 1 行开始点作准备。

❺ 第 8 行连续钩 9 针长针（插入前 1 行第 1 个网格内），与前 1 行第 2 个网格用拉针连接，再连续钩 3 个由 7 针辫子针形成的网格，分别与前 1 行网格中点用拉针连接，以后重复到行尾，最后 1 个网格同样钩 3 针辫子针和 1 针长针。

❻ 第 9 行钩 1 针辫子针和 1 针长针交叉，共 10 针长针、11 针辫子针，长针均插入前 1 行长针顶端，然后用拉针与前 1 行网格中点连接，再连续钩 2 个由 7 针辫子针形成的网格，以后重复到行尾，最后 1 个网格同样钩 3 针辫子针和 1 针长针。

❼ 第 10 行钩 1 针辫子针和 1 针长针交叉，共 11 针长针、12 针辫子针，长针分别插入前 1 行 1 针辫子针内，然后用拉针与前 1 行网格中点连接，再连续钩 1 个由 7 针辫子针形成的网格，以后重复到行尾，最后 1 个网格同样钩 3 针辫子针和 1 针长针。

❽ 第 11 行钩 1 针辫子针和 1 针长针交叉，共 12 针长针、13 针辫子针，长针分别插入前 1 行 1 针辫子针内，然后用拉针与前 1 行网格中点连接，以后重复到行尾。

❾ 第 12 行在前 1 圈长针和辫子针形成的长方形空格内钩 1 针短针、1 个由 4 针辫子针形成的狗牙拉针、1 针短针，重复到行尾。这样整圈共形成了 23 个大扇形花。

袖边

编织步骤基本同门襟边，区别就是 3 针长针形成的小花型钩 4 行（3.5cm），每圈共 25 个小花型，5 个大扇形花。

12 彩色page40 编织方法

钩针花边棒针开衫（二）

原　　料 白色全羊毛线300克。

棒针直径 棒针3.5mm，钩针2mm。

规　　格 胸围80cm，衣长43cm，挂肩20cm，肩宽35cm，前领深11cm，袖长64cm，袖山高14cm，下摆边、袖口边9cm、后领边15cm。

组织结构 前后衣片、袖片编织罗纹空花，门襟（连领边）、下摆边、袖口边钩花。

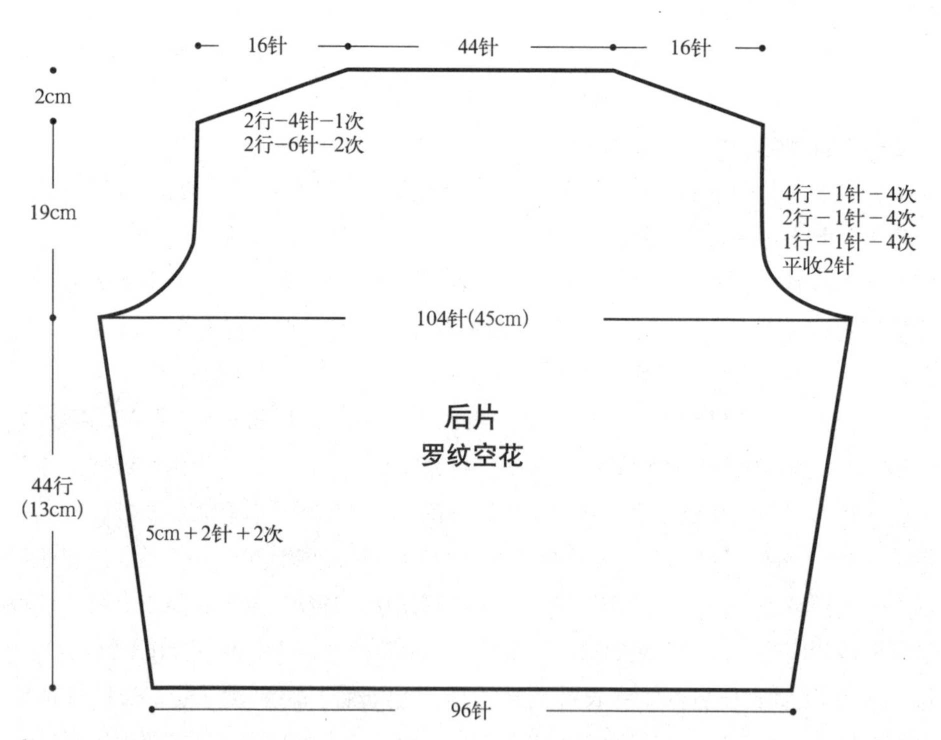

编织要点

前片

用辫子针法起18针，织罗纹空花；门襟处按要求放针形成大圆角，侧缝处同时放针，编织到挂肩收针处，此时共编织44行；挂肩开始按要求收针；织至23cm长时按要求开领；另一边织到32cm长时收斜肩，斜肩部分共收去16针，前片结束断线。

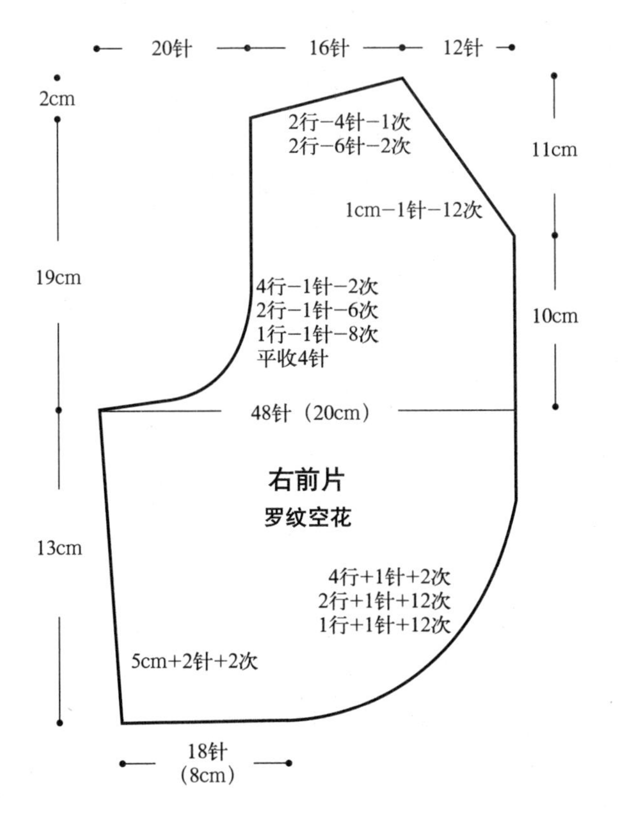

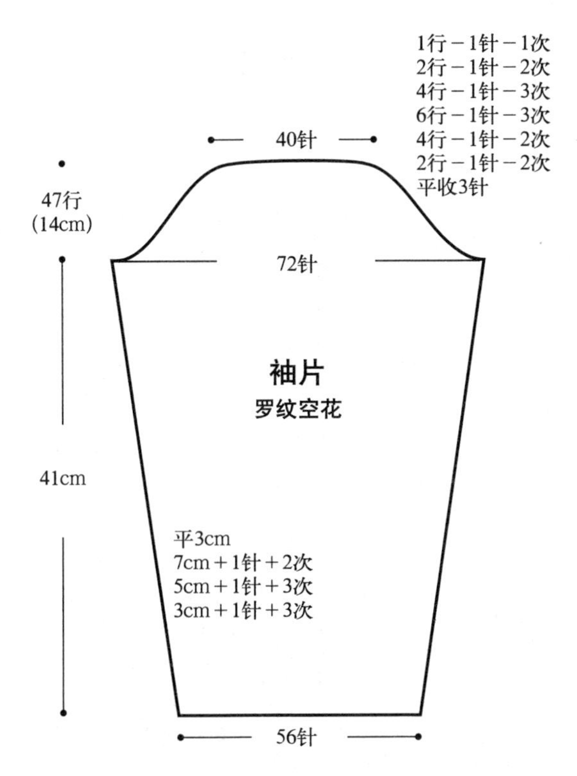

后片

用辫子针法起 96 针，织罗纹空花；同时两边侧缝处放针，编织到挂肩收针处，此时共 44 行；挂肩开始按要求收针；织到 32cm 长时收斜肩，斜肩部分共收去 16 针；后领处用辫子针平收 44 针，后片结束断线。

将前后衣片侧缝及肩缝在反面拼接起来。

袖子

1. 用辫子针起 56 针，编织罗纹空花，袖身两边按要求放针后再平织 3cm，此时总针数为 72 针，袖身长为 41cm。
2. 开始按要求收袖山部分，最后收到袖山头宽 40 针，再用辫子针平收掉。袖底缝由钩针用辫子针法拼接起来。
3. 2 个袖子织完后用钩针辫子针法拼接到衣身上。

下摆 | 门襟 | 领边

1. 用钩针按钩花花型图示钩 9 针辫子针起针作为底针，第 1 行起立针 3 针辫子针，再 2 针辫子针、连续 4 针长针依次插入底针、1 针长针空开 2 针底针插入、3 针辫子针、1 针长针插入前 1 针长针同一点、3 针辫子针、1 针长针插入前 1 针长针同一点；第 2 行先钩 3 针辫子针作为起立

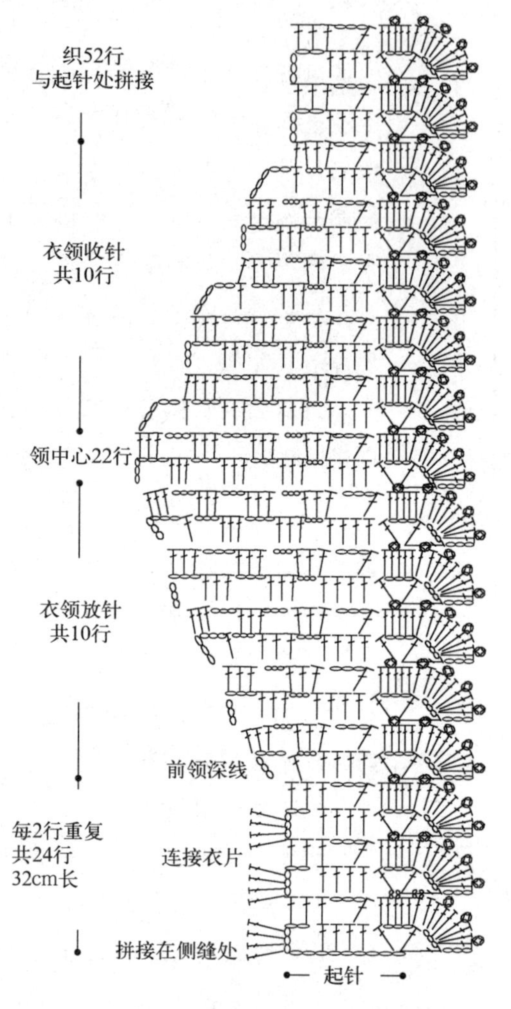

钩花

针、14 针长针（上面平均分布 5 个狗牙拉针，长针插入第 1 行 3 针辫子针的空档处）、1 针长针（插入第 1 行连续 4 针长针的第 2 针长针顶端）、3 针辫子针、3 针长针（分别插入第 1 行第 4 针长针顶端、辫子针空档内、起立针顶端）；以后每 2 行都重复第 1、第 2 行，钩 24 行。

❷ 到前领放针处按图示放针，共 10 行；放到后领是领边最宽的地方，共钩 22 行；再开始另一领边收针（共 10 行），又收到门襟宽度，钩 52 行（连同下摆）与起头处拼接。

袖口边

钩花方法同下摆边，每个袖口边共钩 16 行，首尾拼接。

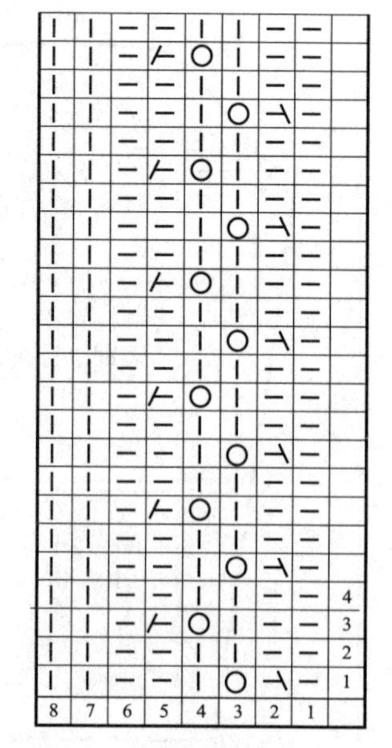

罗纹空花

沿着下摆、门襟、领边、袖口边的内侧在每个方格内横向连续钩2针长针（每钩好2针长针就与衣片边缘或袖口边缘用拉针连接起来）。花边与衣片连接时尺寸要随时测定，不能有松有紧；衣身花边首尾连接处拼接在衣服的右边侧缝线下方。

3　　彩色page38　　编织方法

短袖菠萝花大绞花组合型高腰开衫

原　　料　深咖啡色全羊毛线450克。

棒针直径　7mm。

规　　格　胸围76cm，衣长40cm，袖口宽17cm，前领深6cm，后领宽18cm，门襟边5.5cm，领边6cm。

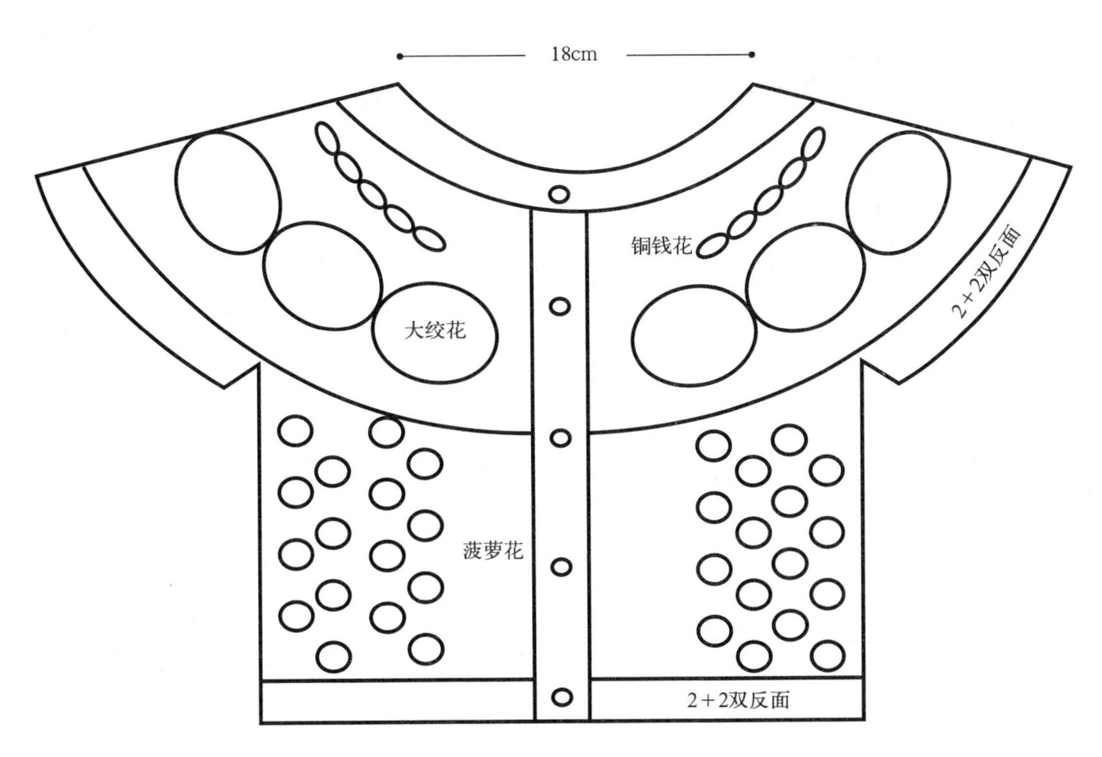

编织要点

整件衣服横向来回编织，顺序为左门襟、左前片、左袖、后片、右袖、右前片、右门襟，最后结领边。

❶ 自上往下用上下针起针法起 46 针（包括 2 针边针，起头行上边针起下针，这样下边针就为上针）。

❷ 第 1 行为正面，边针挑掉不织，第 1 针织下针，第 2、第 3 针位置互换，织左上交叉针，即第 3 针换成第 2 针织下针，第 2 针换成第 3 针织上针，第 4 针织上针，以后重复第 1~ 第 4 针，形成 2+2 罗纹组织。来回编织 11 行（5.5cm 长）。

❸ 第 12 行在反面编织，均匀加针到 53 针。

❹ 见花型编织图，沿编织方向将 53 针分成 3 层，第 1 层是上边针和 2 针上针；第 2 层是铜钱花 3 针；第 3 层是余下的 46 针和下边针。

❺ 第 1 个来回第 1、第 2、第 3 层全编织，第 2 个来回织第 2、第 3 层；第 3 个来回织第 3 层，以此类推。

❻ 前片织到 1/4 胸围（约一个半大绞花）时分袖，这时袖子上不织菠萝花，袖口加 6 针（包括边针）袖口边，织 2+2 双反面，袖子单层约一个半大绞花。菠萝花待袖子织好后与后片一起恢复编织。

❼ 左袖织完后，将袖边 6 针首尾相接。

❽ 后片与前片挂肩底下的菠萝花连起来织，织到 1/2 胸围分另一只袖子。

❾ 另一只袖子织好后织前片。织到右门襟位置均匀收到 46 针，并到右门襟中心线均匀开 5 个纽孔（要考虑领边均匀分布）。

❿ 接着挑领，整个领围共 80 针，织 1+1 双反面 16 行（6cm），并按 5 行 -6 针 -2 次收针（整个领围均匀收针），再将 68 针用辫子针法收针。

⓫ 最后钉上纽扣即可。

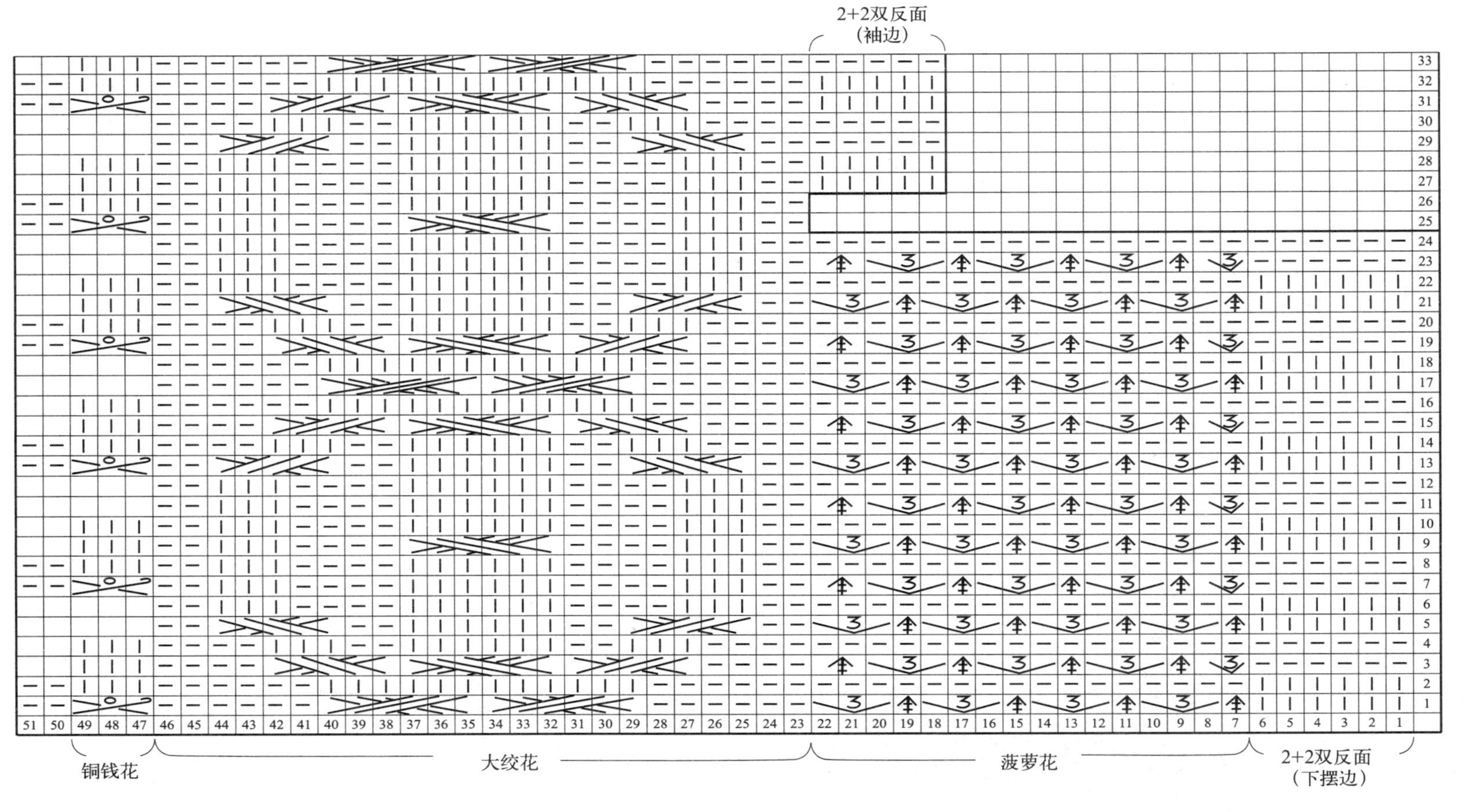
2+2双反面
（袖边）
铜钱花
大绞花
菠萝花
2+2双反面
（下摆边）

花型编织

11 彩色page40 编织方法

二片六叶花套衫

原　　料　深黄色全羊毛中粗绒线 650 克。
棒针直径　6mm。
规　　格　胸围 96cm，衣长 55cm，挂肩 26cm，肩宽 39cm，袖边宽 6cm，下摆边宽 7cm，领边宽 4cm。

编织要点

前片拼花

六叶花的整个圆有 6 个单元组成，用环形起针法，前片开领，后片可根据个人爱好来定。

❶ 用 2 根中粗绒线同时进线，环形法起 24 针，4 根棒针编织，第 1、第 2 行为下针。

❷ 第 3 行开始在叶子部分加针，织 4 针下针、加 1 针，重复 6 次，共加了 6 针，整行 30 针。

❸ 第 4 行织 4 针下针、1 针上针（即前 1 行加的 1 针织成扭针），重复 6 次，整行还是 30 针。

❹ 第 5 行织 4 针下针、加 1 针、1 针上针、再加 1 针，重复 6 次，共加了 12 针，整行 42 针。

❺ 第 6 行织 4 针下针、3 针上针（加针织成扭针），重复，整行 42 针。

❻ 第 7 行织 4 针下针、加 1 针、3 针上针、再加 1 针，重复，共加了 12 针，整行 54 针。

❼ 第 8 行织 4 针下针、5 针上针（加针织成扭针），重复，整行 54 针。

❽ 第 9 行开始在相邻叶子间也加针，织 2 针下针、加 1 针、再 2 针下针、加 1 针、5 针上针、再加 1 针，重复，共加了 18 针，整行 72 针。

❾ 第 10 行织 2 针下针、1 针上针（使前 1 行加针形成空花）、再 2 针下针、7 针上针（加针织成扭针），重复，整行 72 针。

❿ 第 11 行开始叶子部分不再加针，相邻叶子间继续加针，织 2 针下针、加 1 针、1 针上针、加 1 针、再 2 针下针、7 针上针，重复，共加了 12 针，整行 84 针。

⓫ 第 12 行织 2 针下针、3 针上针（使前 1 行加针形成空花）、再 2 针下针、7 针上针，重复，整行 84 针。

⓬ 第 13 行织 2 针下针、加 1 针、3 针上针、加 1 针、再 2 针下针、7 针上针，重复，共加了 12 针，整行 96 针。

⓭ 第 14 行织 2 针下针、5 针上针（使前 1 行加针形成空花）、再 2 针下针、7 针上针，重复，整行 96 针。

⓮ 第 15 行织 2 针下针、加 1 针、5 针上针、加 1 针、再 2 针下针、7 针上针，重复，共加了 12 针，整行 108 针。

⓯ 第 16 行织 2 针下针、7 针上针（使前 1 行加针形成空花）、再 2 针下针、7 针上针，重复，整行 108 针。

⓰ 第 17 行织 2 针下针、加 1 针、7 针上针、加 1 针、再 2 针下针、7 针上针，重复，整行 120 针。

⓱ 第 18 行织 2 针下针、9 针上针（使前 1 行加针形成空花）、再 2 针下针、7 针上针，重复，整行 120 针。

⓲ 第 19 行织 2 针下针、加 1 针、9 针上针、加 1 针、再 2 针下针、7 针上针，重复，整行 132 针。

⓳ 第 20 行织 2 针下针、11 针上针（使前 1 行加针形成空花）、再 2 针下针、7 针上针，重复，整行 132 针。

⓴ 第 21 行织 2 针下针、加 1 针、11 针上针、加 1 针、再 2 针下针、7 针上针，重复，整行 144 针。

㉑ 第 22 行织 2 针下针、13 针上针（使前 1 行加针形成空花）、再 2 针下针、7 针上针，重复，整行 144 针。

㉒ 第 23 行开始开领，变为正反来回编织。织 2 针下针、加 1 针、13 针上针、加 1 针、再 2 针下针、7 针上针，重复，整行 156 针。

㉓ 第 24 行反面编织。将前 1 行增加的 1 针作为边针，织 2 针上针、7 针下针、再 2 针上针、15 针下针，重复，最后 1 针前 1 行的加针作为边针。整行 143 针（包括边针）。

㉔ 第 25 行正面编织。将边针挑到右针上，织 2 针下针、7 针上针、再 2 针下针、加 1 针、15 针上针、加 1 针，重复，整行 153 针。

㉕ 第 26 行反面编织。织 2 针上针、7 针下针、再 2 针上针、17 针下针，重复，整行 153 针（包括边针）。

㉖ 第 27 行正面编织。织 2 针下针、7 针上针、再 2 针下针、加 1 针、17 针上针，加 1 针，重复，整行 163 针。

㉗ 第 28 行反面编织。织 2 针上针、7 针下针、再 2 针上针、19 针下针，重复，整行 163 针（包括边针）。

㉘ 第 29 行正面编织。织 2 针下针、7 针上针、再 2 针下针、加 1 针、19 针上针、加

1 针，重复，整行 173 针。

㉙ 第 30 行反面编织。织 2 针上针、7 针下针、再 2 针上针、21 针下针，重复，整行 173 针（包括边针）。

㉚ 第 31 行叶子开始减针，正面编织。织 1 针下针、下针拨收 1 针、5 针上针、再下针 2 针并 1 针、1 针下针、加 1 针、21 针上针、加 1 针，重复，整行 171 针。

㉛ 第 32 行反面编织，织 2 针上针、5 针下针、再 2 针上针、23 针下针，重复，整行 171 针（包括边针）。

㉜ 第 33 行正面编织。织 1 针下针、下针拨收 1 针、3 针上针、再下针 2 针并 1 针、1 针下针、加 1 针、23 针上针、加 1 针，重复，整行 169 针。

㉝ 第 34 行反面编织，织 2 针上针、3 针下针、再 2 针上针、25 针下针，重复，整行 169 针（包括边针）。

㉞ 第 35 行正面编织。织 1 针下针、下针拨收 1 针、1 针上针、再下针 2 针并 1 针、1 针下针、加 1 针、25 针上针、加 1 针，重复，整行 167 针。

㉟ 第 36 行反面编织。织 2 针上针、1 针下针、再 2 针上针、27 针下针，重复，整行 167 针（包括边针）。

㊱ 第 37 行正面编织。织 1 针下针、下针中上 3 针并 1 针、1 针下针、加 1 针、27 针上针、加 1 针，重复，整行 165 针。

㊲ 第 38 行反面编织。织 3 针上针、29 针下针，重复，整行 165 针（包括边针）。

㊳ 第 39 行正面编织。织下针中上 3 针并 1 针、加 1 针、29 针上针、加 1 针，重复，整行 163 针。

㊴ 第 40 行反面编织。织 1 针上针、31 针下针，重复，整行 163 针（包括边针）。

㊵ 第 41、第 43、第 45 行正面全部织下针。

㊶ 第 42、第 44、第 46 行反面全部织下针。最后用辫子收针法收针，收针尽量松一点，防止卷边。

前片最外圈总针数为 163 针。

后片

后片编织方法、开领完全同前片；若不开领就按规律全部正面编织，最外圈总针数为 192 针，直径为 48cm。

然后把前后片用钩针缝合起来，左右肩都拼接 9 针；两边侧缝拼接 15 针。

下摆

前后片分别留 53 针，编织下摆边时，挑起 60 针，下摆总针数为 120 针，织 7cm。

袖边

前后分别留 31 针，编织袖边时，每边挑起 38 针，袖边总针数为 76 针，织 6cm。

领边

若后片不开领，就在前片挑起 48 针，后片挑起 32 针，整个领圈 80 针；若前后片完全一样都开领，则在前后片都挑起 48 针，总针数为 96 针，织 4cm。

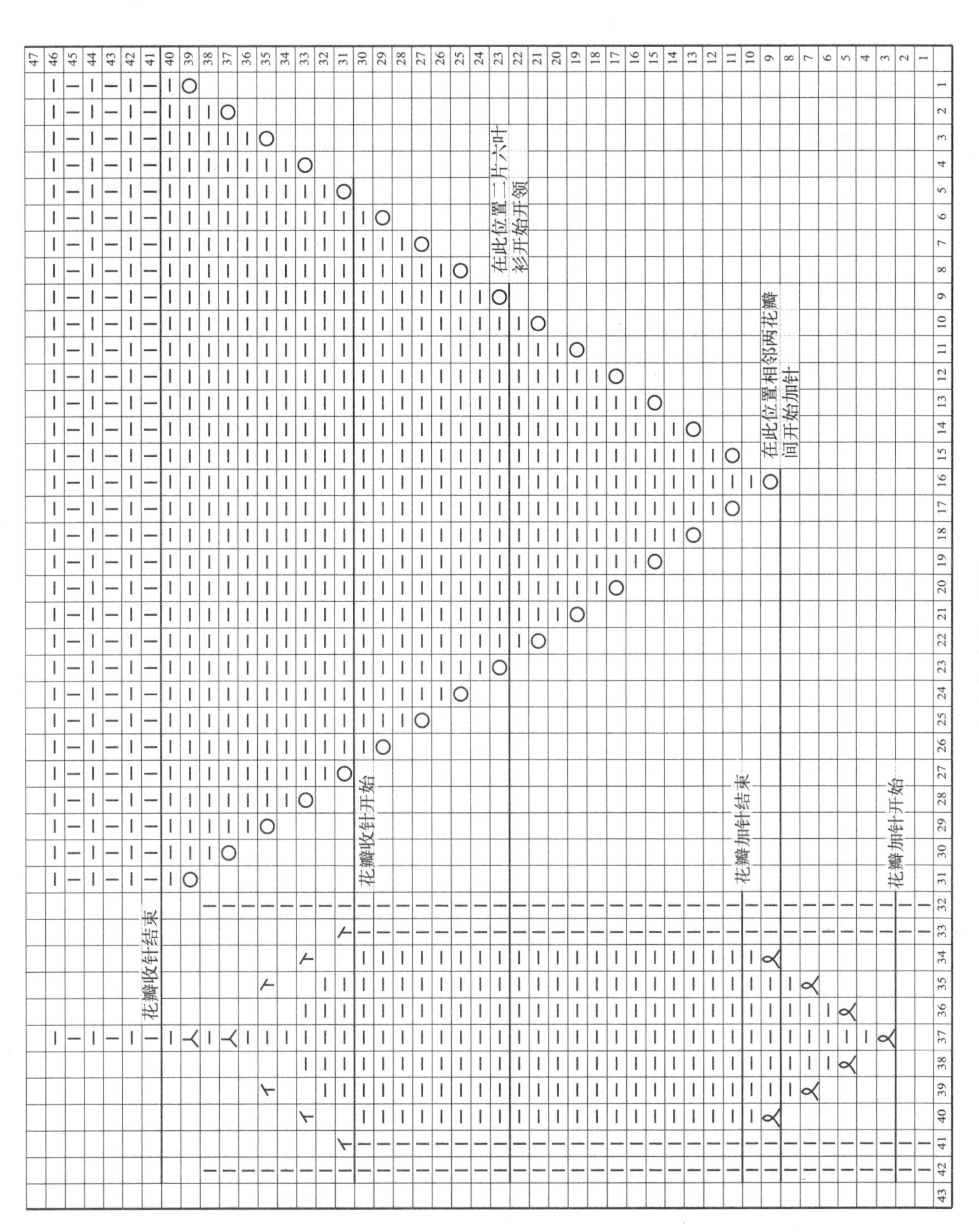

六叶花1个单元的编织图

31 彩色page44 编织方法 横织洞洞花型套衫

原　　料 8根羊毛线、2根丝线和1根金属丝并织，钩针边用2根羊毛线、2根丝线和1根金属丝并织共500克。

棒针直径 4.5mm、4mm（边）。

钩针直径 2.5mm。

规　　格 衣长55cm，袖口宽33cm，下摆罗纹边长9cm、宽37cm，钩边1cm。

组织结构 前后身为下针折回编织形成的洞洞结构，并等距离抽针，下摆为1+1罗纹，领边、下摆、袖口为钩针花边。

编织要点

大身

❶ 用辅助线钩35针，5针1个花宽，从下摆到领口方向，第1、2、3个花高为17行（即9+8），第4个花高为15行（即9+6），第5个花高为13行（即7+6），第6个花高也为13行（注：上方6行为反方向合用），第7个花高（即领口部分）为8行。

❷ 编织图中有阴影的小方格是编织线在棒针上绕一圈（织到下1行放掉）形成的浮线。

❸ 编织图中每个花高中右边的3个阴影处浮线为9行（下摆方向），左边的1个阴影处浮线为8行（领口），另2个阴影处浮线为7行。

❹ 从下摆编织到领口处8行为转弯的中心位置，织第8行在反面织，同时连续织起下2组5针，此时共15针，回到正面织时织10针，以后同第1排花型的编织。

❺ 织到下摆转弯时将5针连续织16行。

❻ 整个衣服共编织16个来回（32排），首尾相接。径向长度为41cm。

❼ 沿下摆前后以中心轴对称16排花的边缘挑起针（每2排边缘挑针）9cm长。总针数=11×8+8×6=136针（37cm宽），织1+1罗纹组织9cm长，辫子针收口。

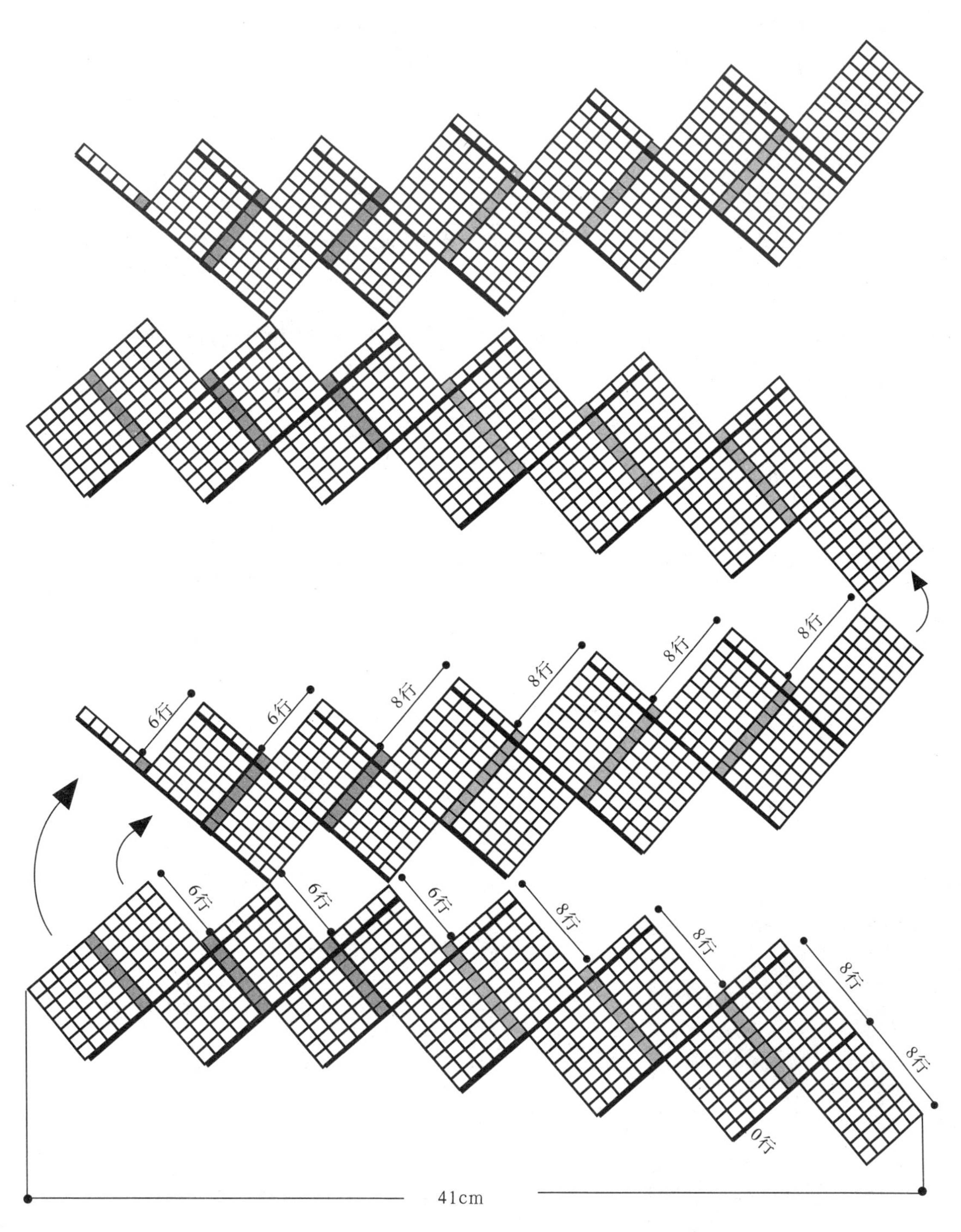

空格为下针
（阴影为抽针纵行、粗线为加5针开始位置）

大身花型

下摆钩边

沿下摆边缘用 2 根毛线、2 根丝线和 1 根金属丝钩花边，一隔一插入。共 68 个花宽。

领口钩边

沿领口边缘用 8 根毛线、2 根丝线和 1 根金属丝先钩 1 行短针，每 2 针边针辫子钩 3 针短针，共 96 针。再抽去 6 根毛线，钩同下摆的花边，共 48 个花宽。

袖口钩边

基本同下摆，沿袖口边缘逐针钩边，但在“S”形往下凸出处中心的 2 个辫子内连续钩 2 个花宽，使边缘平整。

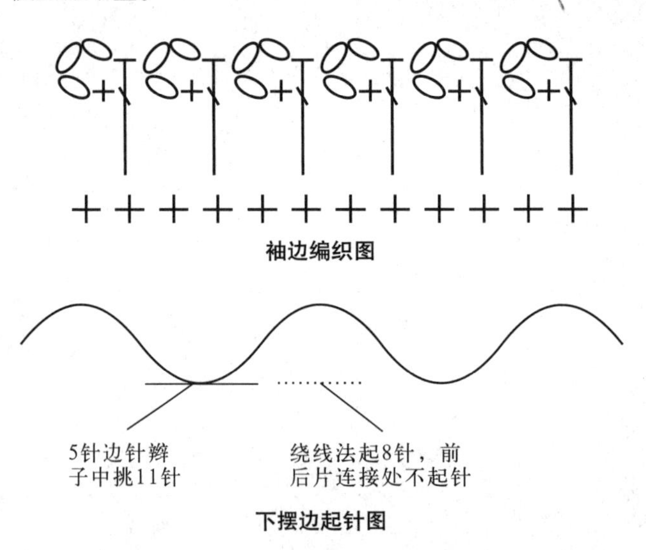

袖边编织图

下摆边起针图

1 彩色page38 编织方法

四片六叶花套衫

原　　料 白色棉线 600 克。

棒针直径 4mm。

规　　格 胸围 80cm，衣长 52cm，下摆边 6cm，领边 5cm。

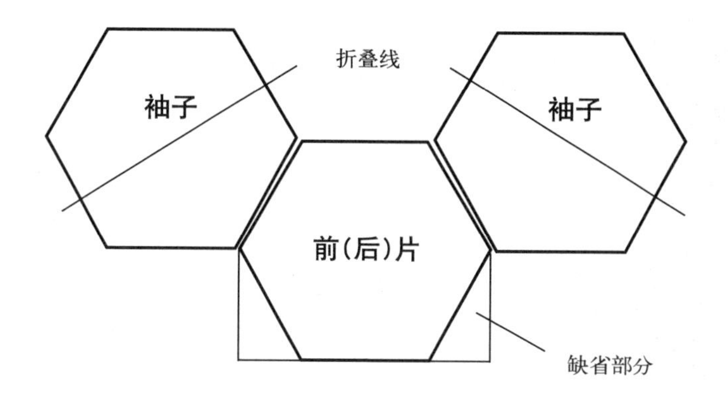

编织要点

前片

单元花型编织方法同第 83 页图，但前后片都不开领，每个花型形成后直径为 40cm。共编织 4 块花型，2 块为前后片，2 块分别为左右袖子。按图示将前后衣片和左右袖子连接起来，自然形成领型；衣服左右侧缝处缺省部分编织 2+2 罗纹补全。

侧缝缺省部分｜下摆

❶ 缺省尖角处挑起 4 针，织 2+2 罗纹，每边 8 行挑 5 针 5 次，再 1 行挑 1 针 1 次，这样最后总行数为 41 行，每边各挑出 26 针（对应六边形花型的 1 条边 32 针，即从花型一边 32 针上共挑出 26 针，相当于先在花型边上每 5 针挑出 4 针 6 次，再 1 针挑 1 针 2 次），总针数为 26×2+4=56 针。

❷ 两边侧缝缺省部分补全后，再在前后片下摆中间部分各挑起 34 针，围成整圈 56×2+34×2=180 针，继续编织 2+2 罗纹织至 6cm 长收针。

领边

❶ 在领口处每边各挑出 34 针，4 条边共 136 针，围成圈编织。

❷ 中间编织 2+2 罗纹，相邻两边交接处先以交接点为中心两旁各织 2 针上针，即 4 个交接处连续 4 针为上针，并隔行减针，即每处左右 2 行减 1 针 3 次，2 次减在上针上，最后 1 次减在下针上，右边拨收，左边下针 2 针并 1 针，使左右相邻两条下针合并成 1 条，每处收去 6 针，4 处共收去 24 针，收针行数为 6 行。

❸ 此时领边针数为 112 针，继续编织 2+2 罗纹，织至 5cm 长收针。

2　彩色page38　编织方法

下摆倾斜型菠萝大绞花组合套衫

原　　料　白色羊毛线 600 克。

棒针直径　5.5mm。

规　　格　胸围 98cm，衣长 72cm，下摆边 1.5cm，领边 3cm，袖口边 2.5cm，领深 16cm。

编织要点

前片

❶ 用 6mm 的棒针上下针法起 59 针，织 4 行 1+1 罗纹组织，再编织花样 A（1 个花宽 19 针，由一段绞花花型和一段菠萝花型组成），重复 3 次。

❷ 编织到 11cm 长时，在正面右边同时放出 29 针，组成 1.5 个花宽（即二段菠萝花型和 1 段绞花花型），然后再编织 29cm 长，右边平收 38 针（即 2 个花宽），再编织到 V 领两边相同长度，用辫子针法收针，衣服编织总长为 72cm，前片编织结束。

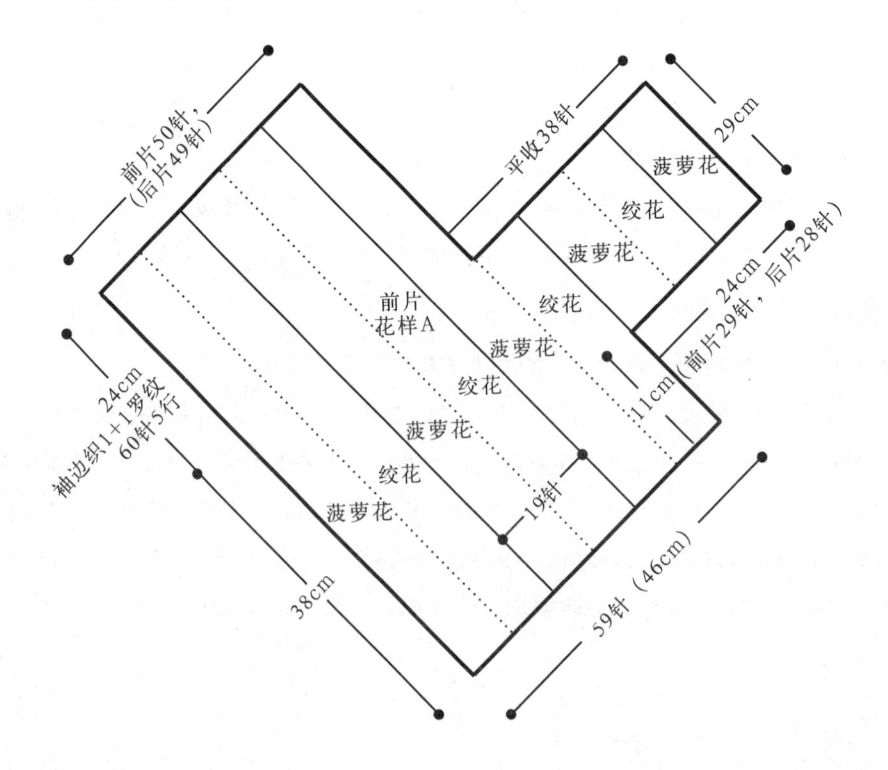

后片

后片编织基本同前片，只是绞花和菠萝花型位置互换，加针处是 28 针（因为是二段绞花型和一段菠萝花型）。

小贴士

领边1＋1罗纹整圈120针，前后中心每行中上3针并1针，共6行，第6行为96针。

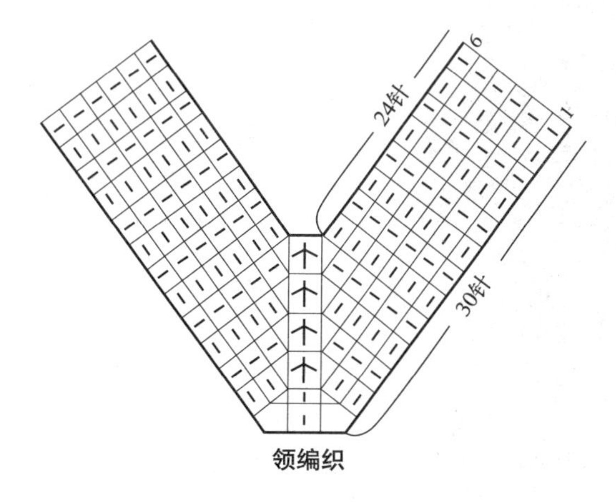

领编织

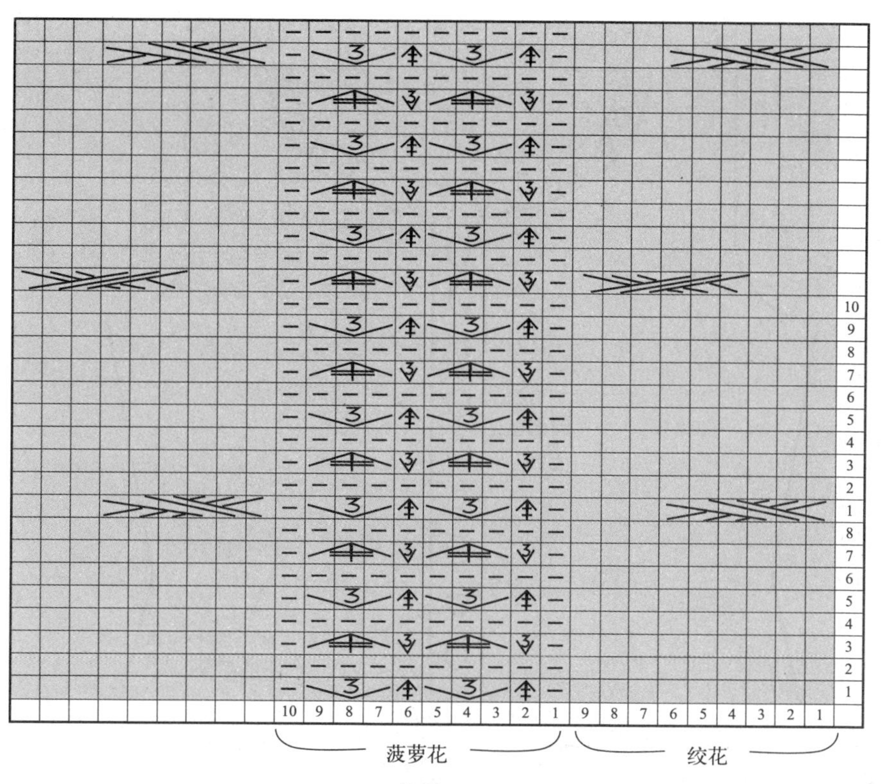

花样A

7 彩色page39 编织方法

钩边棒针套衫

原　　料　枣红色结珠线150克，枣红色人造丝线25克，外径2.5cm、内径1.7cm的塑料圈24个（用于前下摆边和门襟装饰边钩花内衬），外径2cm、内径1.2cm的塑料圈14个（用于领口边钩花内衬）。

棒针直径　棒针2.5mm，钩针1.5mm。

规　　格　胸围84cm，衣长52cm，挂肩22cm，肩宽35cm，后领口宽17cm，前领深11cm，袖长16cm，袖山高8cm，袖口宽13.5cm，前下摆钩花边5cm，袖口边1cm，前领口钩花边4cm，门襟装饰钩花边宽3.5cm。

组织结构　衣片、袖片编织上针，前片下摆、领口边、袖口边及前门襟装饰钩花。

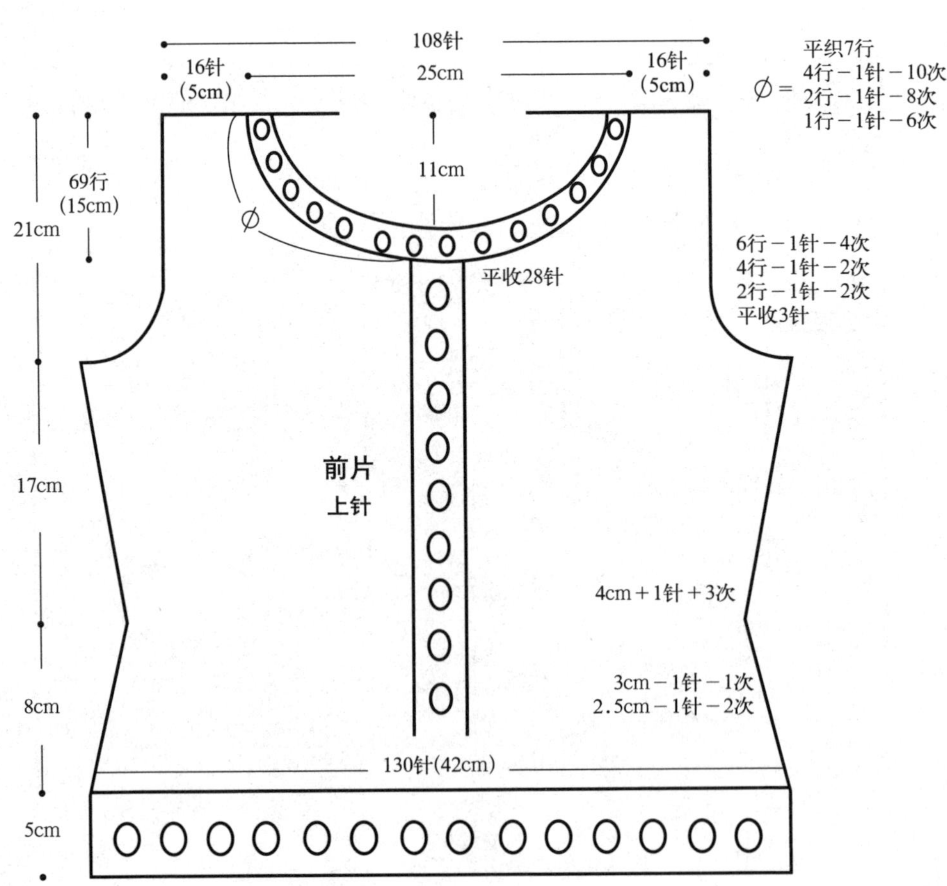

编织要点

|前后片|袖片|

❶ 前后片和袖片分别按图示用结珠线辫子针法起针，织单面上针组织。且前片比后片短 5cm，前片钩上花边后长短一致。然后将前后片侧缝（25cm）和肩部（5cm）缝合起来，并装上袖子。

❷ 用丝线沿着袖口边缘钩 1 圈短针和 1 圈花边（18 个月牙）。

|前片下摆花边|

❶ 先沿着前片下摆边缘、后片左右两边及后片下边缘用人造丝线钩 1 圈短针，前后下摆边缘各 88 针，后片左右两边缘各 10 针。

❷ 按下摆花边图用人造丝线和 14 个大圆圈钩前片下摆花边，第 1 圈先沿着第 1 个大圆圈钩半圈短针（16 针），再第 2 个、第 3 个……到第 14 个（此时花边尺寸同半胸围尺寸，为 42cm），再依次从第 14 个圆圈钩回到第 1 个圆圈的另一半圈短针 16 针。

❸ 第 2 圈起始点在右边第 1 个圆圈的右侧中心，注意边钩边连接左右圆圈和前衣片下摆边缘。

❹ 返回钩下边缘的第 2 圈，继续钩回到右边起始点。

|门襟装饰花边|

基本同前片下摆边，是用 10 个大圆圈（31cm 长）组成，外圈网格中点连接前片相应点。

|领花边|

❶ 先沿着前领口边缘钩 1 圈短针，共 88 针。

❷ 领边第 1 圈按领花边图用人造丝线钩在 14 个小圆圈上，方法基本同下摆大圆圈编织法，但整圈短针数不同，而且由于领圈呈圆弧形，上下短针数分布也不同，从右到左沿着每个小圆圈上边缘钩 8 针短针，钩到第 14 个后转向钩下边缘 16 针短针，重复钩到第 1 个。

❸ 第 2 圈起始点在右边第 1 个圆圈的右侧中心，注意与肩缝处和衣身领弧的连接。

❹ 最后沿着整个领围钩 1 圈退钩短针。前领围 72 针，后领围 29 针。

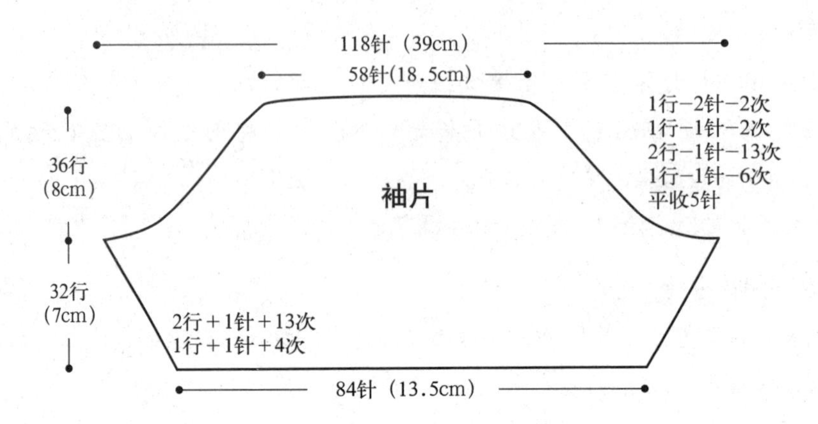

小贴士

最后沿着前后片下摆边缘用丝线钩1圈月牙形花边，前片每个孔钩1个月牙形，前后片各钩30个月牙形组成的花边。

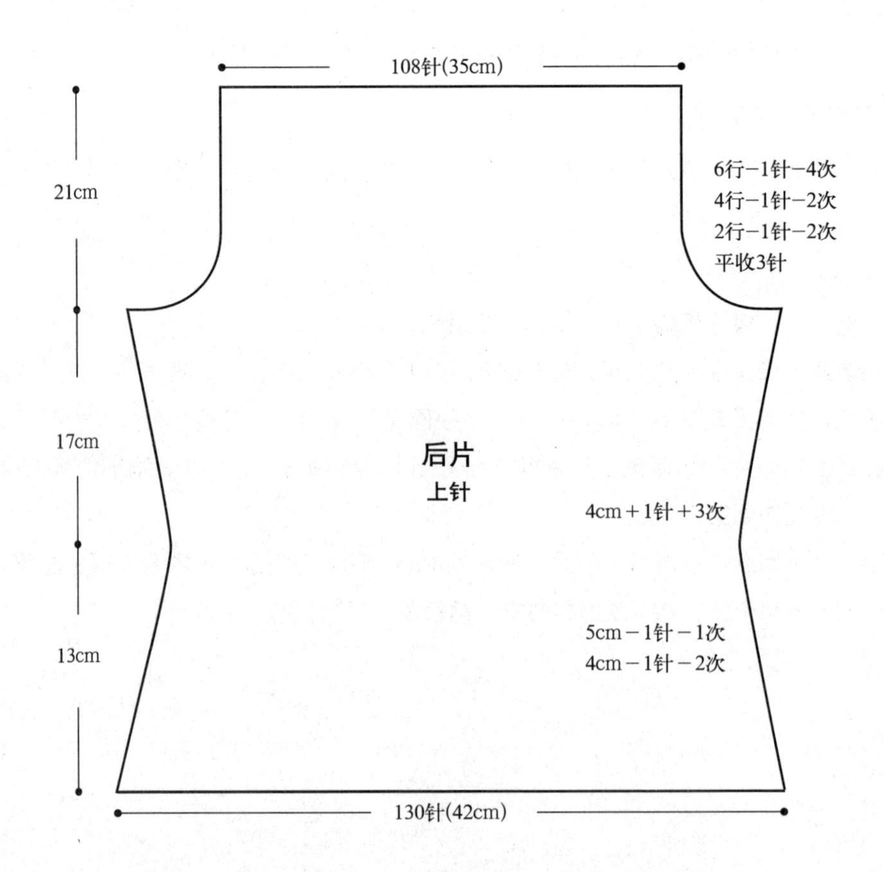

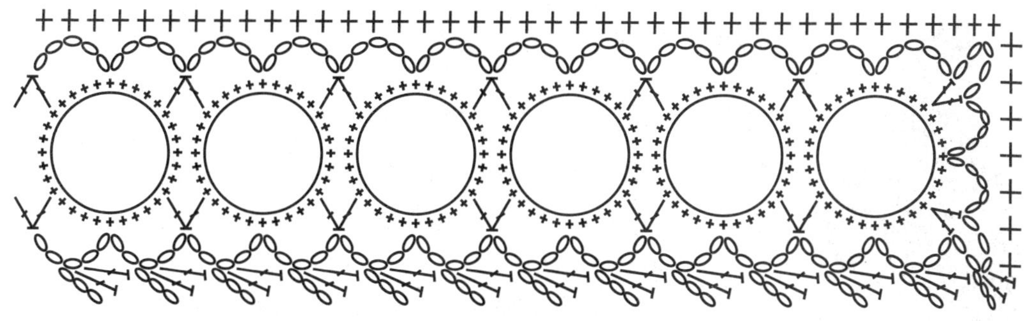

下摆花边

1. 下摆花边：用14个外径2.5cm、内径1.7cm的塑料圆圈钩前片下摆花边。最后沿着前后片边缘用丝线钩1圈月牙形花边（前后片各钩30个月牙形组成的花边）。
2. 领花边：用14个外径2cm、内径1.2cm的小塑料圆圈钩领花边。
3. 门襟装饰花边：用10个大圆圈（31cm长）钩装饰花边，与左右两边连接，上面与领口最低点连接，下面与下摆花边上部中心位置连接。

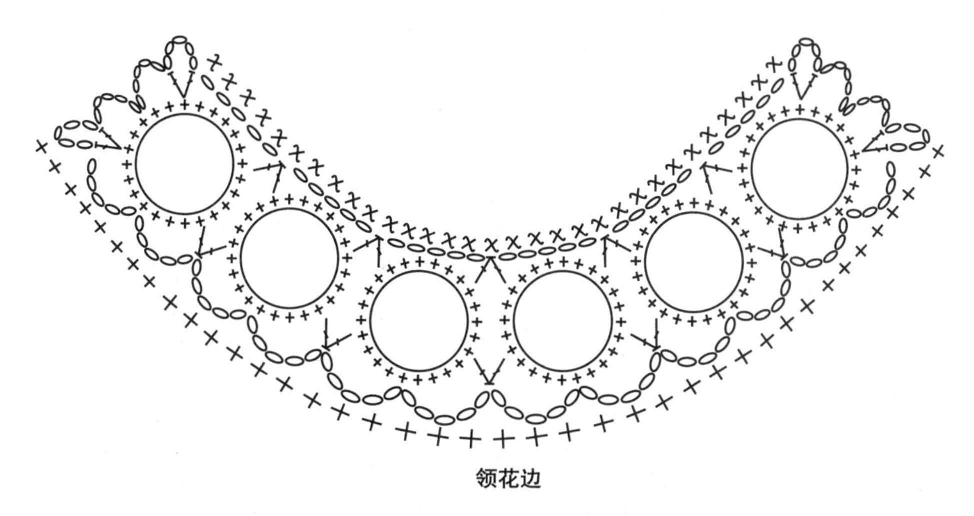

领花边

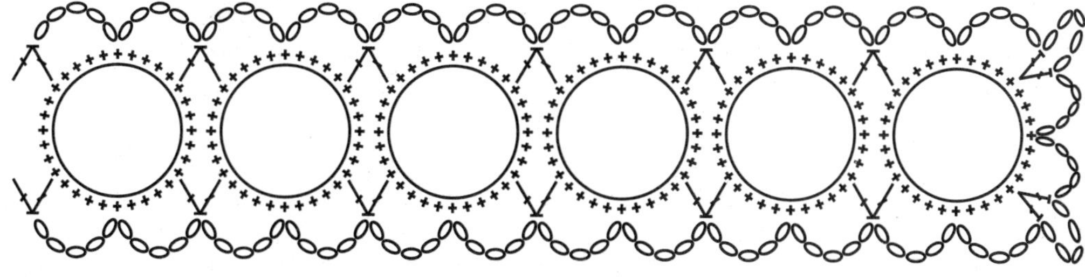

门襟装饰花边

13 彩色page41 编织方法

棒针菠萝花型长套衫

原　　料 衣服10根羊毛开司米和2根金属线并织，下摆边、领边和袖边用12根开司米并织，共450克。

棒针直径 3.5mm。

规　　格 胸围100cm，衣长74cm，挂肩27 cm，前领深12 cm，后领宽19 cm，领边3cm，袖口宽19 cm，袖边2 cm，下摆边7 cm。

编织要点

❶ 后片：用12根羊毛开司米辫子针起头71针，织1+1双反面组织（即1行下针、1行上针交替）7cm，减去2根毛线和2根金属线按编织图和后片结构图编织，花宽10针，花高16行。后片针数为10×7−1+2=71针。

❷ 前片：辫子针起头73针，织完边后按编织图和前片结构图编织。前片针数为10×7+1+2=73针。

❸ 肩斜处为每2行收半个花宽收7次。

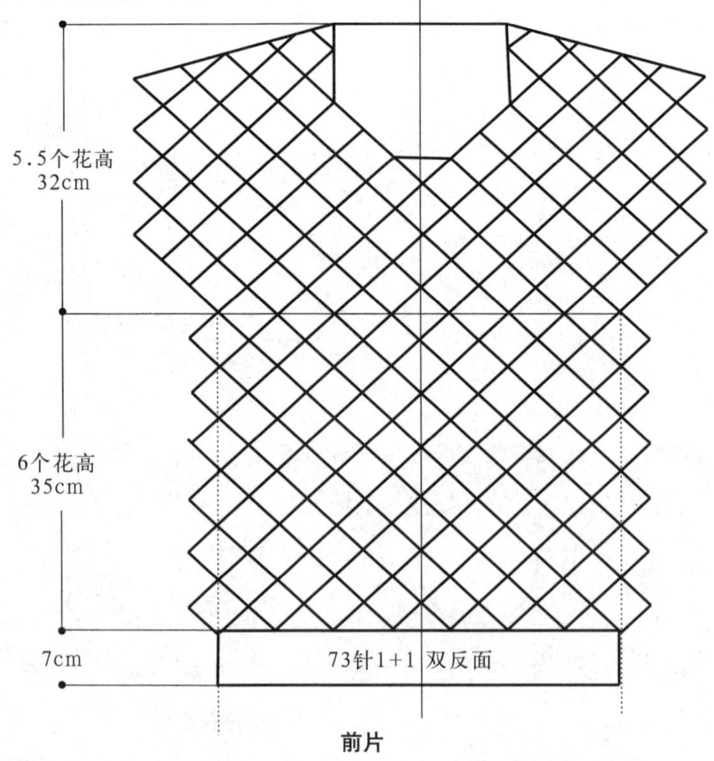

前片

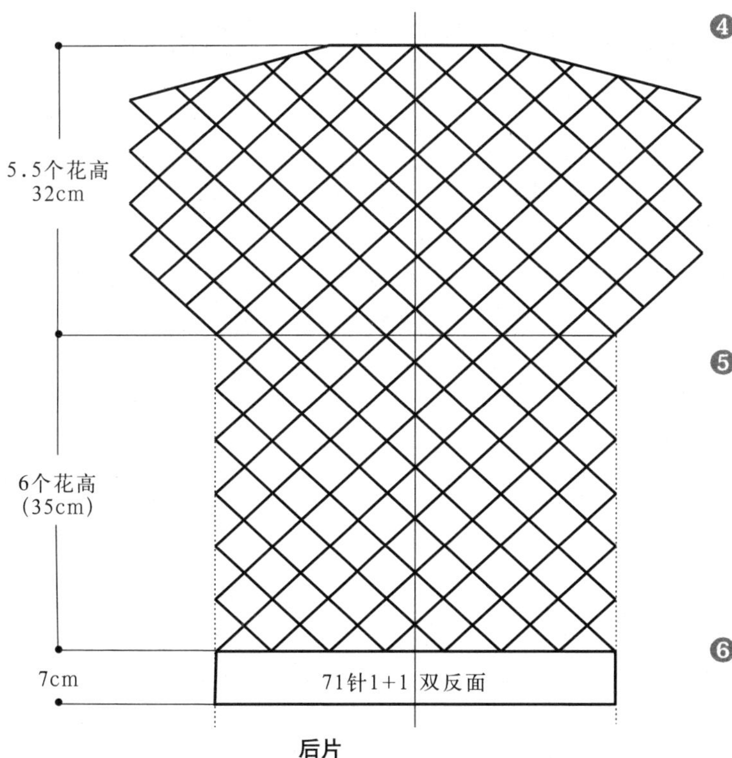

后片

❹ 由于花型的收放针，前后片形成了两边波浪形效果，前片以侧缝线突出的部分镶嵌在后片侧缝线凹进去的位置，缝合轨迹也是波浪形的。

❺ 领边：后领挑39针、前领两边各挑22针、中心挑13针，共39+13+22×2=96针，织10行1+1双反面组织。

❻ 袖边：挑起64针，织8行1+1双反面组织。

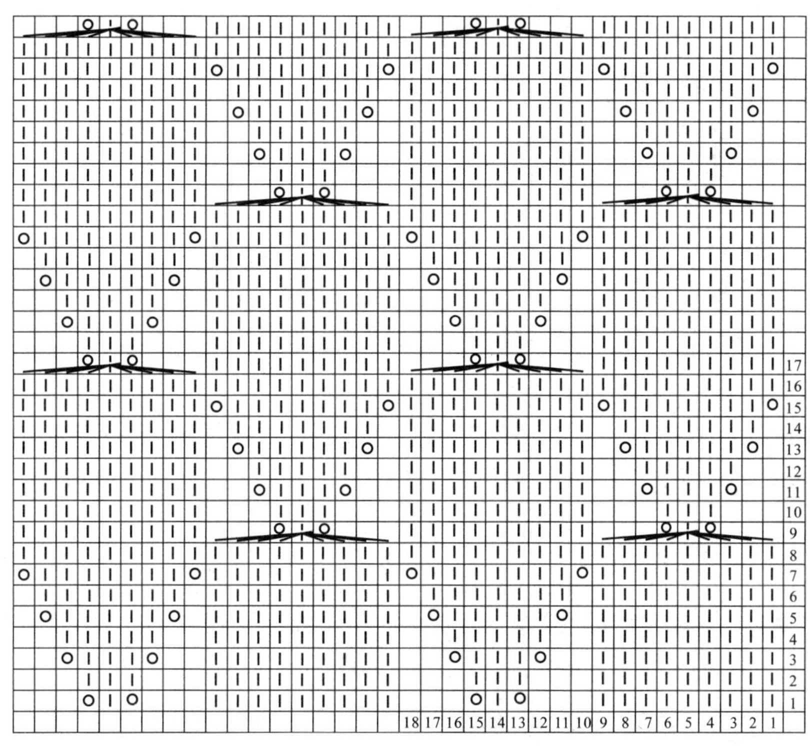

菠萝花

32 彩色page44 编织方法 浮线花型蝙蝠袖套衫

原　　料 12根羊毛开司米和1根金丝并织，共700克。

棒针直径 4.5mm。

规　　格 衣长65cm，前领深11cm，后领宽21cm，袖口宽19 cm，领边、袖边1cm，下摆边10 cm。

组织结构 前胸与后背为2+2罗纹小方块花样，下摆为2+2罗纹，其余为2+12罗纹与浮线扎花的组合，领边、袖边为1行短针、1行退钩短针。

编织要点

前后片中间的正方形

❶ 用12根浅咖啡色开司米加1根金丝辫子针起头11针，然后1隔1加针，整行加了9针，11+9共20针，开始编织2+2罗纹，加针的线弧在下1行织扭针。除边针外两边缘均为下针。5.5cm宽、23cm长。

❷ 收口时先将2针上针或2针下针都并成1针，再辫子针收口。依次重复编织8条，如图所示交叉拼成23cm×23cm的正方形。

❸ 沿正方形四周钩1圈短针，每条宽度方向钩9针，每边钩9×4+2（两端加针）=38针，正方形四周共152针。再同样钩后背的一块。

大身

❶ 辫子针起头46针（12×3+2×4+2=46针），编织2+12罗纹，与浮线扎花组合花型，每行3处12针上针用浅色线织，4处2针下针用深、浅色线并织，且深色线在织物正面即上针前面以浮线形式通过。

❷ 织到20行，即纵向形成20根浮线时，将左右20根浮线中间如图示扎花，而中间先将10根中心扎花，另10根等继续编织10行后再扎，这样使相邻两排扎花形成交叉效果。

❸ 继续编织到60行，即扎花成3个花高后，沿正方形一边挑起42针，共88针形成6个花宽，继续编织4个花高（前后片各2个花高），将42针与另一片正方形一边收口连接，剩下3个花宽编织3个花高后收口。

❹ 用相同的方法编织另一边，与前后正方形相应的边缘连接。

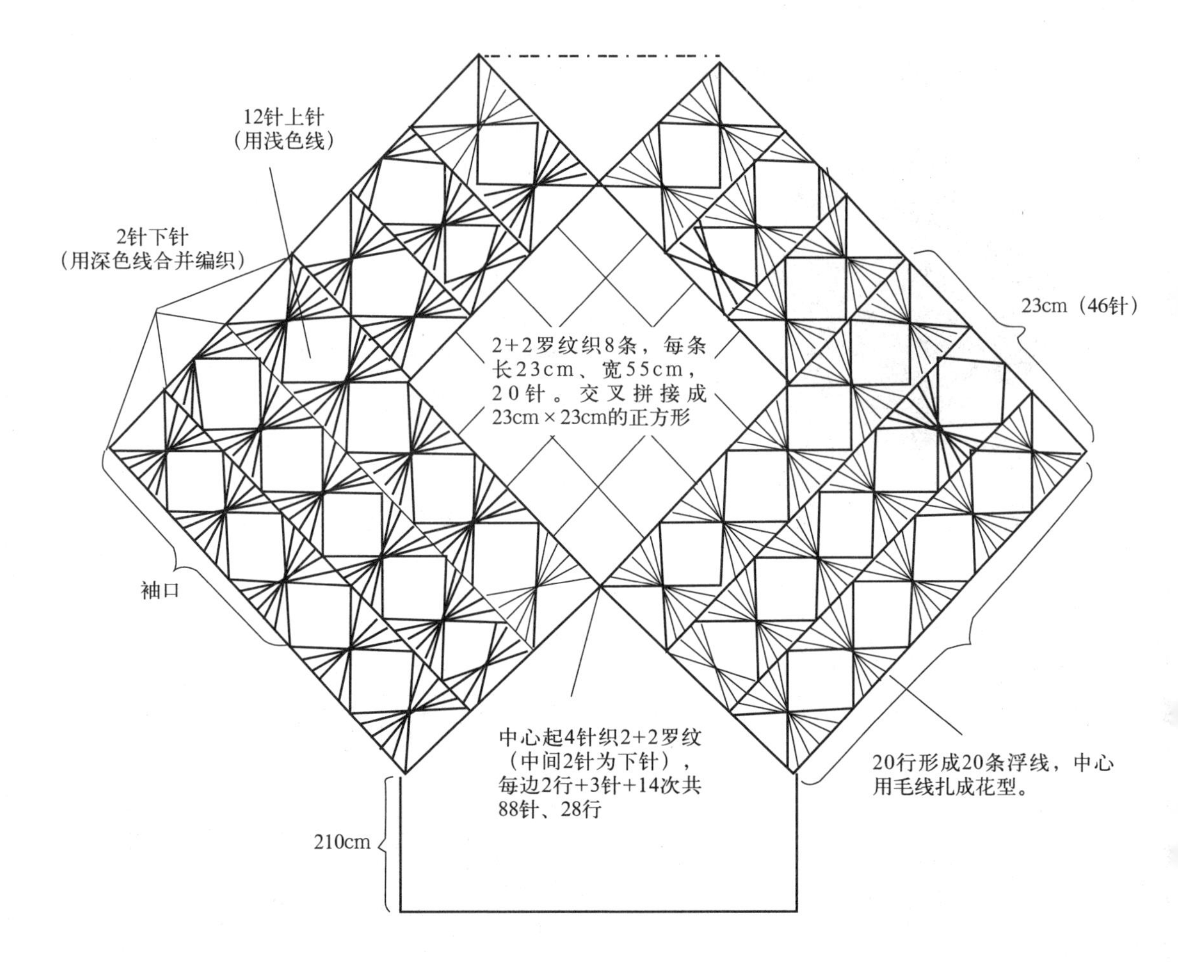
12针上针
（用浅色线）
2针下针
（用深色线合并编织）
23cm（46针）
2+2罗纹织8条，每条长23cm、宽55cm，20针。交叉拼接成23cm×23cm的正方形
袖口
中心起4针织2+2罗纹
（中间2针为下针），
每边2行+3针+14次共
88针、28行
20行形成20条浮线，中心用毛线扎成花型。
210cm

❺ 将大身织物与正方形相应边缘在反面缝合，侧缝处缝合 2 个花高，留 3 个花高作为袖口。

下摆补角和边

❶ 大身与正方形缝合后在前后下摆中心形成缺角，用浅色线先在尖角处挑起 4 针，中心 2 针编织下针，来回编织，到两边均为 2 行加 3 针，共 14 次挑满大身的 3 个花宽（每个辫子挑 1 针），共 3×14×2+4=88 针、28 行。

❷ 用同样的方法编织另一缺角处，然后将前后身连起来圆筒形编织下摆 2+2 罗纹，共 176 针，织 10cm 长后用上下针收口。

领边、袖边

❶ 领边：用浅色线沿领口边缘第 1 行钩短针，平均在边缘 2 个辫子上挑 3 针（即 4 行挑 3 针），第 2 行钩退钩短针，共 120 针。

❷ 袖边：编织方法同领边，平均在边缘 1 个辫子上挑 1 针（即 2 行挑 1 针），共 60 针。

21　彩色page42　编织方法

蝴蝶花型帽

原　　料　2 根羊毛细绒线与 1 根金属丝并织，共 125 克。

棒针直径　4.5mm 4 根。

规　　格　最大周长 60cm，帽深 27cm，帽边 7cm×30cm。

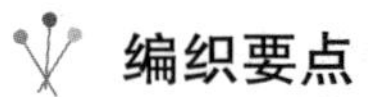

编织要点

❶ 绕线法起针 112 针，7 行上针、4 行下针、5 行上针、4 行下针、5 行上针、4 行下针、5 行上针，共 3.5cm 长，帽边完成。

❷ 再编织 8 行下针，开始编织花型，花宽 14 针，花高 24 行。

❸ 编织 2 个花高，即花型 48 行后，再织 16 行下针，此时花型上部分的 4 行加 16 行为 20 行下针（约 7cm 长）。

❹ 开始收帽顶，全部织下针，第 1 行每 4 针收成 3 针、第 2 行每 3 针收成 2 针、第 3、4 行每 2 针收成 1 针，将 14 针用毛线穿起锁紧即可。

帽子蝴蝶花

图中箭头部分表示第8、第20行的第11、第4针编织时带上4条浮线。

18 彩色page42 编织方法

双层口袋式花型帽

原　料 8根羊毛开司米与1根金属丝并织，共250克。
棒针直径 4mm（边）、4.5mm。
规　格 最大周长60cm，帽深27cm，帽边28cm×2cm。

编织要点

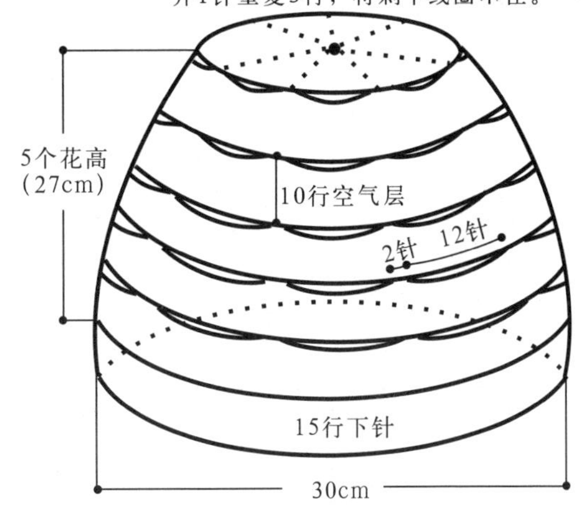

❶ 用4mm棒针绕线法起针98针，织15行下针作为帽边；换用4.5mm棒针再织10行下针作为花型的外层。

❷ 第26行（即花型的第11行）编织下针，每14针为1个花宽，第1针织下针，第2针到第14针用辫子针法收口，每个花宽留下第1针和收口后的第14针，每2个花宽交接处即为连续2针下针，其他都收口了，将留下的线圈串在别针或环形针上（共有14针），收口处形成卷边的口袋状。

❸ 从织物反面倒数第11行的线圈顶部位置逐针挑起线圈，共98针。

❹ 将原编织点位置在反面往下移到倒数11行位置，编织10行上针。

❺ 内外2层形成了10行空气层，将每个花宽前后对应的2针用下针合并起来，其余的12针编织下针。1个花高完成。

❻ 重复织到5个花高，开始织帽顶。

❼ 帽顶全为上针组织，先编织12行上针，再2针并1针，重复3行，最后将剩下的几针串起来锁住。

8 彩色page39 编织方法

中心八叶花套衫

原　　料　6根羊毛开司米和2根金属丝并织，共400克。

棒针直径　4mm。

规　　格　胸围92cm，衣长55cm，前领深6cm，后领宽21cm，袖身宽18cm，袖口宽15 cm，领边、袖边长2.5cm，下摆边长5 cm、宽43cm。

组织结构　前后身为中心八叶花样，下摆边、领边、袖边为1+1双反面组织（即1行下针、1行上针交替）。

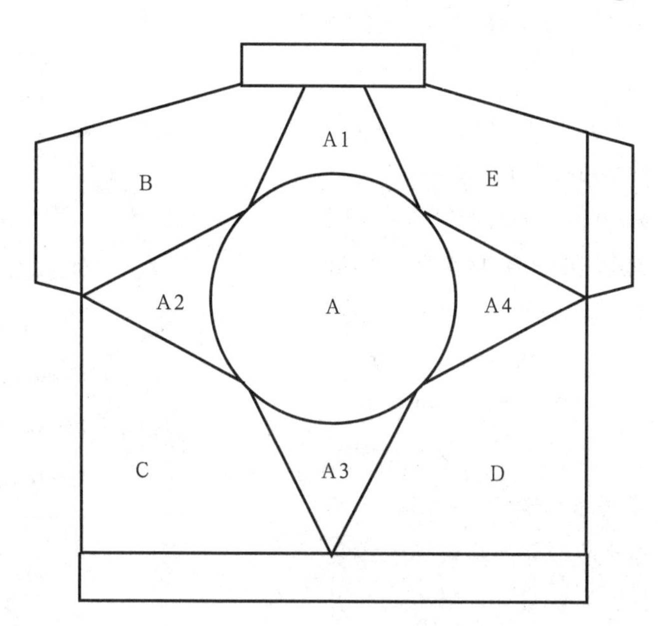

编织要点

前后片中间花样A

❶ 中心起针法起16针，按图（一个花宽）编织，整圈有8个花宽。

❷ 编织到第5行时的交叉套针，是将左针上的第1针套到第2针上，然后在第2针上织下针，等于并去1针。

❸ 第5行的加针，在第6行织成2针下针。

❹ 织到第28行，总针数为14×8=112针。左上下、右上下4个花瓣的顶角1针都用别针固定，留以后B、C、D、E起头用。

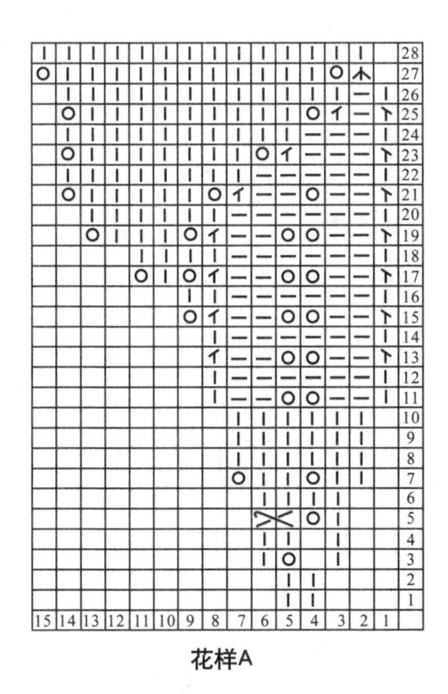

花样A

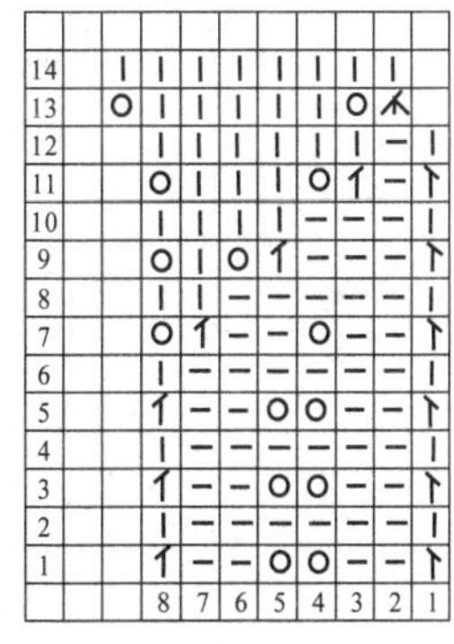

袖子花样

前片 A2、A3、A4 花样和后片 A1、A2、A3、A4 花样

1. 在一隔一的两个顶角之间有 27 针，按图单独来回编织。
2. 在编织第 1 行时两边各加 1 针，留作缝合用。
3. 后片四个方向编织 4 片三角形，前片左、右、下三个方向编织 3 片三角形。

前片 A1 的编织：按前片 A1 花型编织图编织，最后剩余 13 针作为前领平档位置。

剩余13针，留作前领平档部位

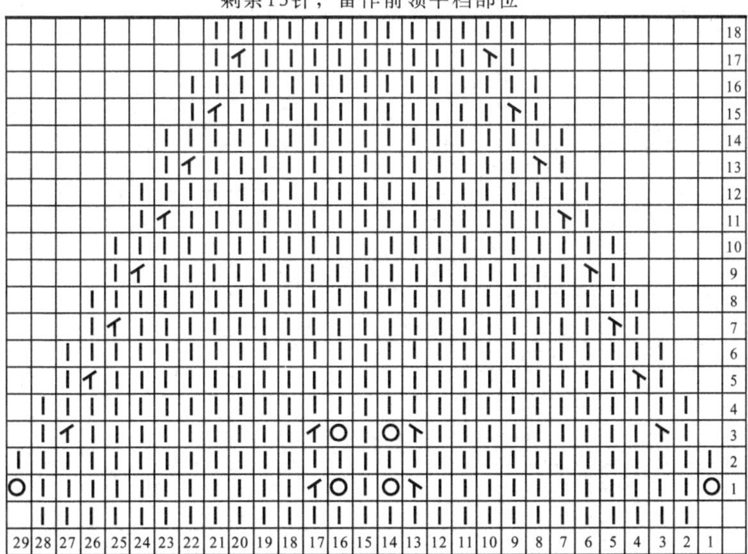

前片花样A1

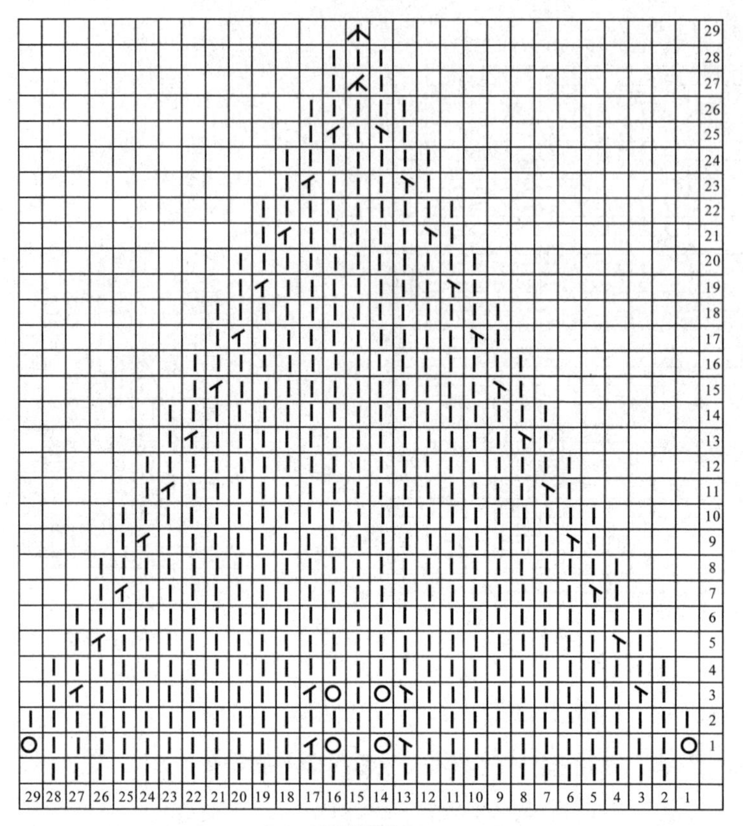

后片花样A1

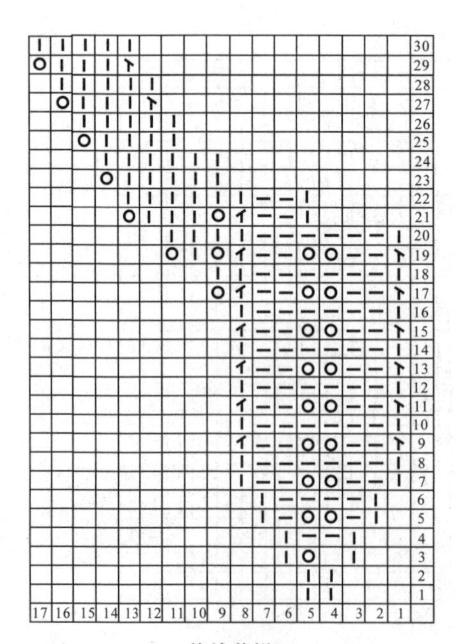

前片花样B

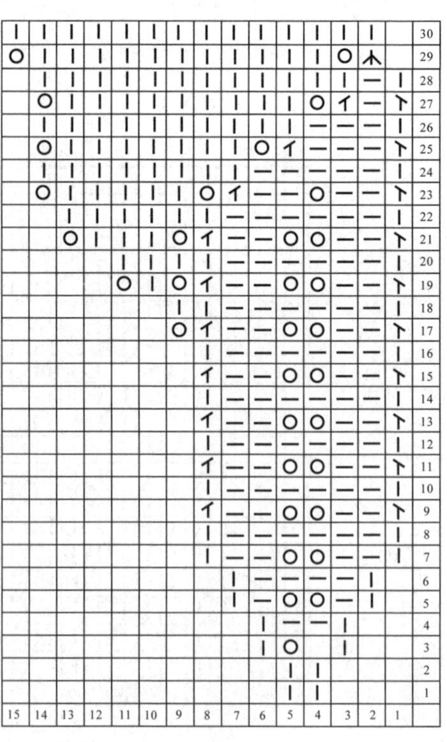

后片花样B

后片 B、C、E、D 花样和前片 C、D 花样

❶ 将 A 片结束时留下的顶角 1 针中起 12 针，每 2 针 1 个花宽，共 5 个花宽，左右各 1 针边针。

❷ 以后按图来回编织。

❸ 注意第 3 行的加针在第 4 行织 2 针上针。

❹ 织完后有 5 个完整的花瓣，总针数为 14×4+1+2=59 针，左右各留出 15 针，中间有 29 针，来回编织，正面织下针，反面织上针，每织到两边少织 2 针，相当于每行少织 1 针，织出 1 个三角形。将所有线圈均用别针或环形针串上。

前片 B、E 花样

❶ 基本方法同 C、D 花样的编织。但编织到第 21 行时开始开领，图示为 B 片，E 片开领位置对称。

❷ 织完后有 4 个完整的花瓣和 1 个不完整的花瓣，领的一边留 5 针、另一边留 15 针、中间 29 针，以后同后片 B、E 补三角的编织。

织完后将所有串在别针或环形针上的线圈都编织 1 行下针，在补角来回织的交接点补上小洞。然后针对针地将侧缝（缝到 BC 或 DE 的交界点位置）、肩缝处都缝合起来。

领边

后领从 20 针加针到 32 针，前领挑出 46 针，共 78 针，织 1+1 双反面组织 8 行，辫子针收口。

下摆边

下摆共 124 针，织 1+1 双反面组织 16 行，辫子针收口。

袖子

从袖口挑起 64 针，8 针 1 个花宽，整个袖窿共 8 个花宽。 按袖子编织图编织 14 行，然后收去 6 针，到 58 针，编织 1+1 双反面组织 8 行，辫子针法收口。

16　彩色page41　编织方法

横织洞洞花型披肩衫

原　　料　9根细棉线和1根丝线并织，共300克。

棒针直径　3mm。

规　　格　衣长63cm，袖口宽17 cm，领边2cm。

组织结构　前后身为下针折回编织形成的洞洞结构，并等距离抽针，领边为1+1罗纹。前后片连续编织，从后片结构图黑色小三角位置开始编织。

编织要点

❶ 用1根辅助线钩107针辫子针（9×12−1=107针），然后在辫子反面用棒针挑起107针。

❷ 用棉线和丝线并织，按编织图从右下角箭头（即下摆方向）编织8针下针，来回编织，反面织上针，首边针织挑针，织10行。

❸ 第11行在正面编织，再加织辅助线上的9针，共17针，同样织10行。

❹ 第21行在正面织17针后，又加织辅助线上的9针，共26针，而反面折回编织时织到17针，将正面最右边的9针留在针上暂时不织。

❺ 满10行后第11行又加织辅助线上的9针，重复步骤（4）的编织，直至领口。共有12个花宽，形成1排小洞。

❻ 转弯时将正面最左边的8针再编织20行，第21行在反面织17针10行，第11行织26针，再留下后面的9针，加上前面的9针，保持17针织10行，重复织到下摆位置。

❼ 将8针继续织20行后重复步骤（3）到（6），只是辅助线上的针数用现有针上的针数替代。从下摆织到领口、再从领口织向下摆，就形成1排大洞。

❽ 重复到中间3排大洞，左右各1排小洞。最左边的半个花型在最后编织，而最右边的半个花型连接A区编织，合成1排大洞。

A 区（从下摆往领口方向织）

编织方法基本同原花型，区别就是左边每增加 9 针时，右针上的针数始终保持来回编织，每次都增加 9 针，右针的针数越来越多。这样下摆部分连袖口编织的行数就比领口逐渐增多。 A 区织完时中间的最右边又形成了 1 排大洞，共有 4 排大洞和起始行的 1 排小洞。

右肩及右袖中线

1. A 区织完后在领口位置，107 针都在同一行上，该行没形成洞，用同样的方法往下摆方向织，形成第 1 排小洞。
2. 继续编织 1 个完整花型，又形成了 1 排大洞。此时在领口位置。
3. 开始织右前片，将 107 针同时织 10 行，这样最后形成的 1 排为小洞，即袖中线部分为中间 1 排大洞，两边各 1 排小洞。

B 区（从领口往下摆方向织）

结构图上 A 区的背后（即右前片）同左后片（B 区）的编织，编织方法类似于 A 区，但由于方向相反，在领口方向是每织 10 行，留下 9 针不织，而其他所有的针数都要编织，重复到下摆。

前片中心花型

由于 B 区编织结束时已为前片中心织了 1 排小洞，所以再从下摆往上织 1 排小洞

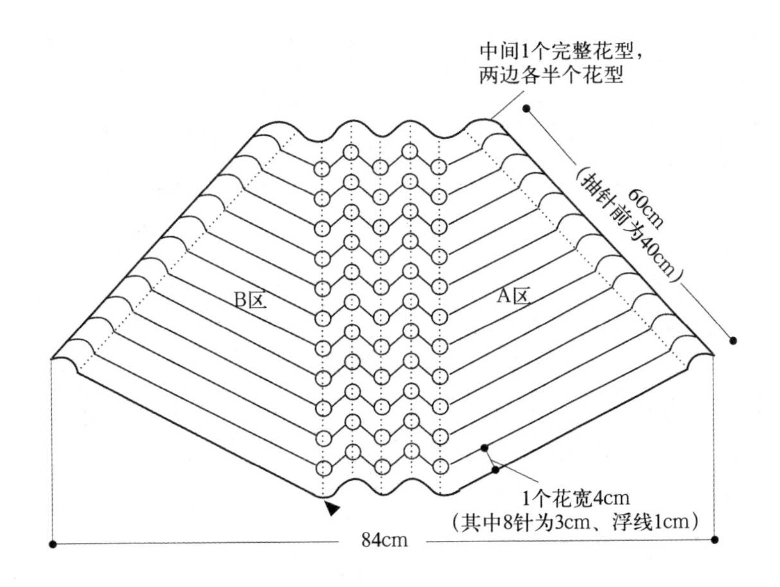

就合成了 1 排大洞，这就是与后片中心开始处不同的地方，其他都一样，共形成 5 排大洞。

以后同 A 区的方法编织左前片、织左肩及左袖中线花型和左后片（B 区）。

抽针及首尾连接方法

B 区织完后正好形成 1 排小洞，与起始位置的小洞正好合成 1 排大洞。

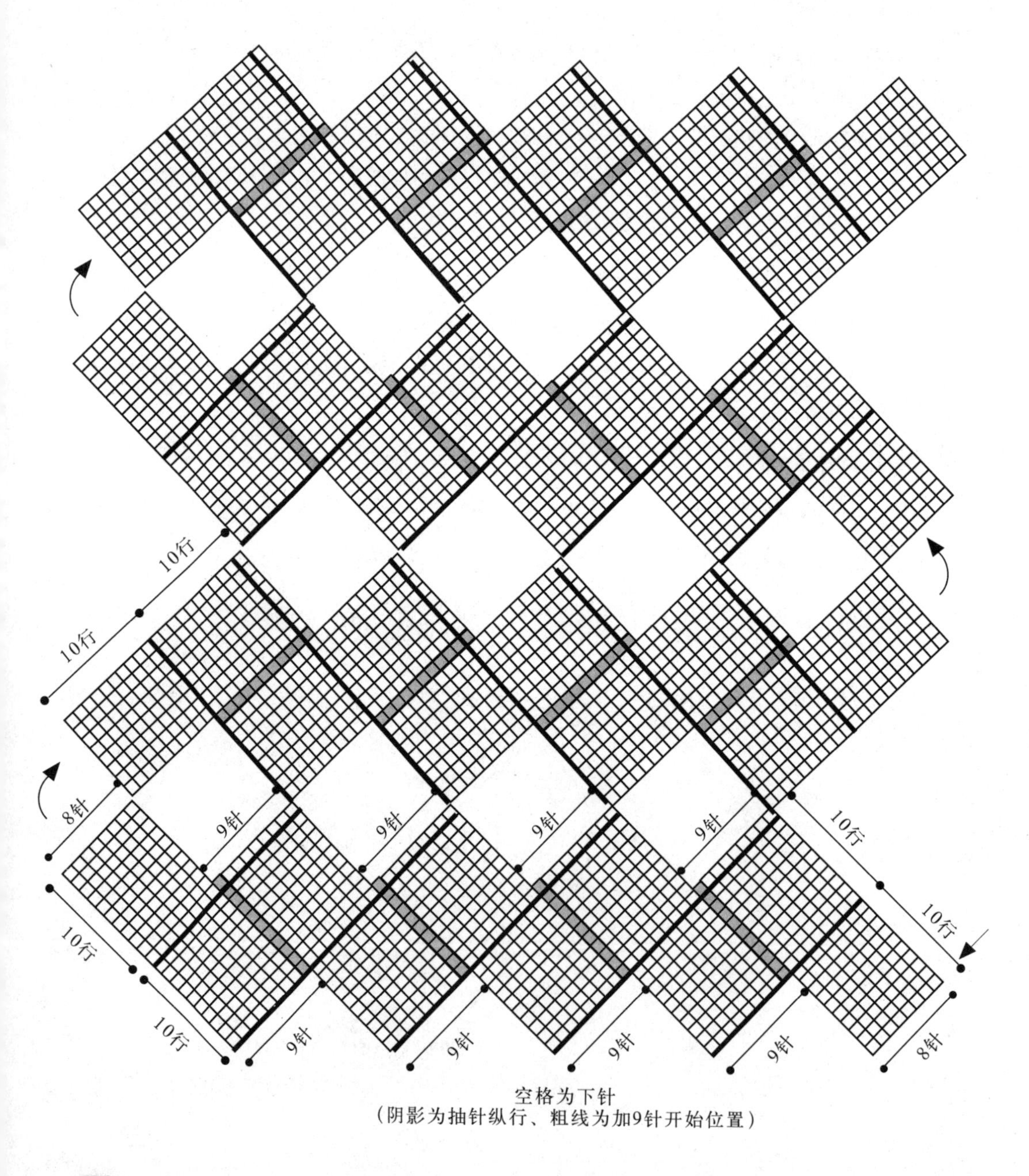

空格为下针
（阴影为抽针纵行、粗线为加9针开始位置）

❶ 将第9针放掉，形成纵向抽针梯脱到起始行，以后每隔8针，放第9针重复。形成有规律的稀路，同时洞洞也将放大。

❷ 先把辅助线拆掉，用棒针将线圈穿起，以防漏针。

❸ 将头尾纵向位置对准，用手缝针将第一组8针线圈沿编织方法上下轮流穿入，形成1行线圈。

❹ 沿8针的左边缘往下将线引到第8针穿入，再从第2组8针的第1针穿出，之间为浮线长度，继续上下对应线圈连接。重复到行尾。

领边

从领口边缘挑针，大洞上边缘挑12针（共4处），小洞上边缘挑6针（共4处），空档处加6针（共8处），总共120针。织2cm长。

最后在下摆边缘两边各留17cm宽的袖口，将前后缝住。

22 彩色page42 编织方法 棒针贝雷帽

原　　料 18根羊毛线并织200克。

棒针直径 7mm 4根。

规　　格 最大直径30cm，帽深20cm，帽边25cm ×3.5cm。

编织要点

❶ 24根羊毛线上下针起针64针，编织1+1罗纹6行。

❷ 织1行下针，同时均匀加针到84针，按编织图织花型，每个花型12针，共7个花型，花高为12行。

❸ 最后收到14针，用毛线将14个线圈穿起，抽紧锁住。

❹ 根据个人嗜好可以在帽顶中心装个绒球。

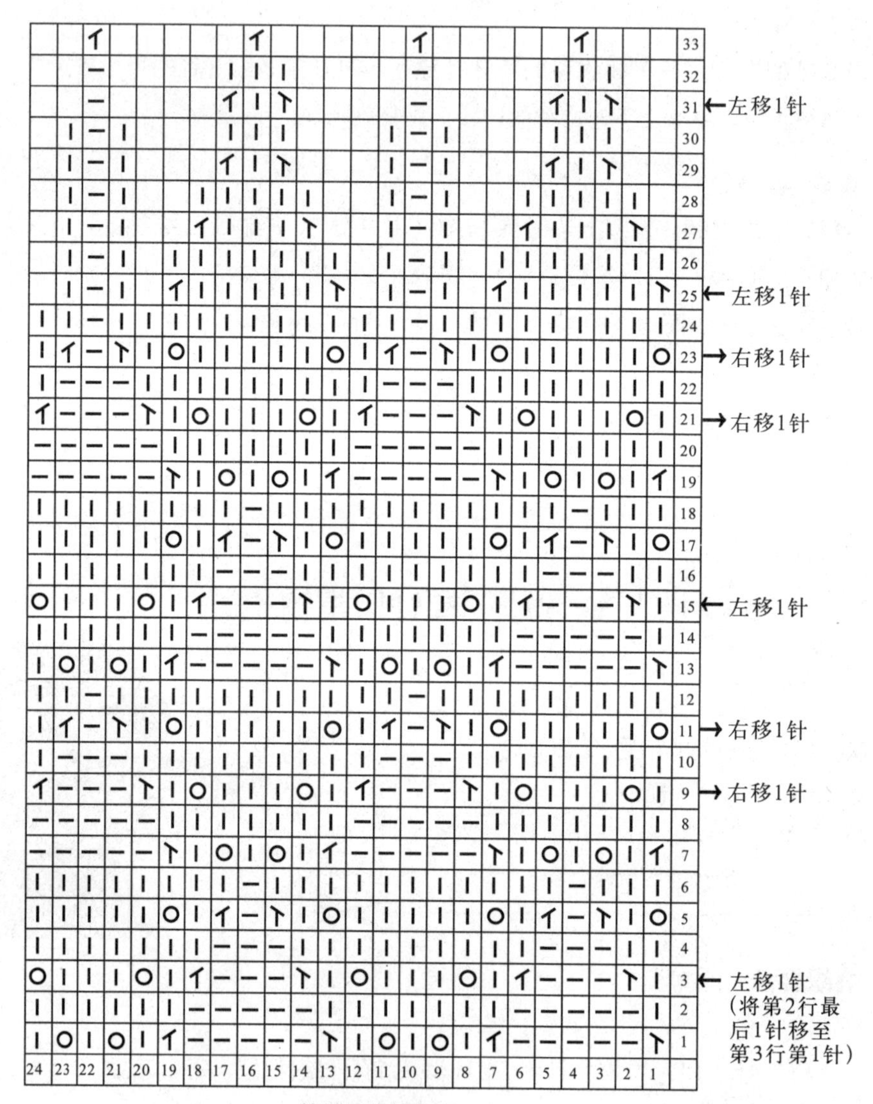

棒针贝雷帽花型

14　彩色page41　编织方法

四叶拼花披肩衫

原　料　12 根棉线和 1 根金属丝并织，共 450 克。

棒针直径　3.5mm 5 根 。

钩针直径　1.2mm。

规　格　胸围 108cm，衣长 55cm，下摆边、领边、袖边 1cm，单元花边长 18cm。

编织要点

❶ 中心起针法起 12 针，按编织图编织 22 片，编织图为四分之一正方形编织图，织完后辫子针收口，每边 41 针、30 行，叶顶角位于正方形的四个角位置。

❷ 用钩针 2 根棉线将 22 片单元花按结构图和拼接图辫子针 V 字形法连接起来，辫子

大身花型编织图

针为 3 针，斜角处 4 针，每片花型边缘的辫子均为连接点。前领和后背中心 1.5 片边缘不连接。

❸ 按花边编织图和结构图钩边，下摆共 260 针短针，每 5 针钩 1 个狗牙拉针；袖口 176 针，前领和后背各 132 针。

❹ 钩 2 根 170cm 长的带子按领边编织图串在狗牙拉针圈内。

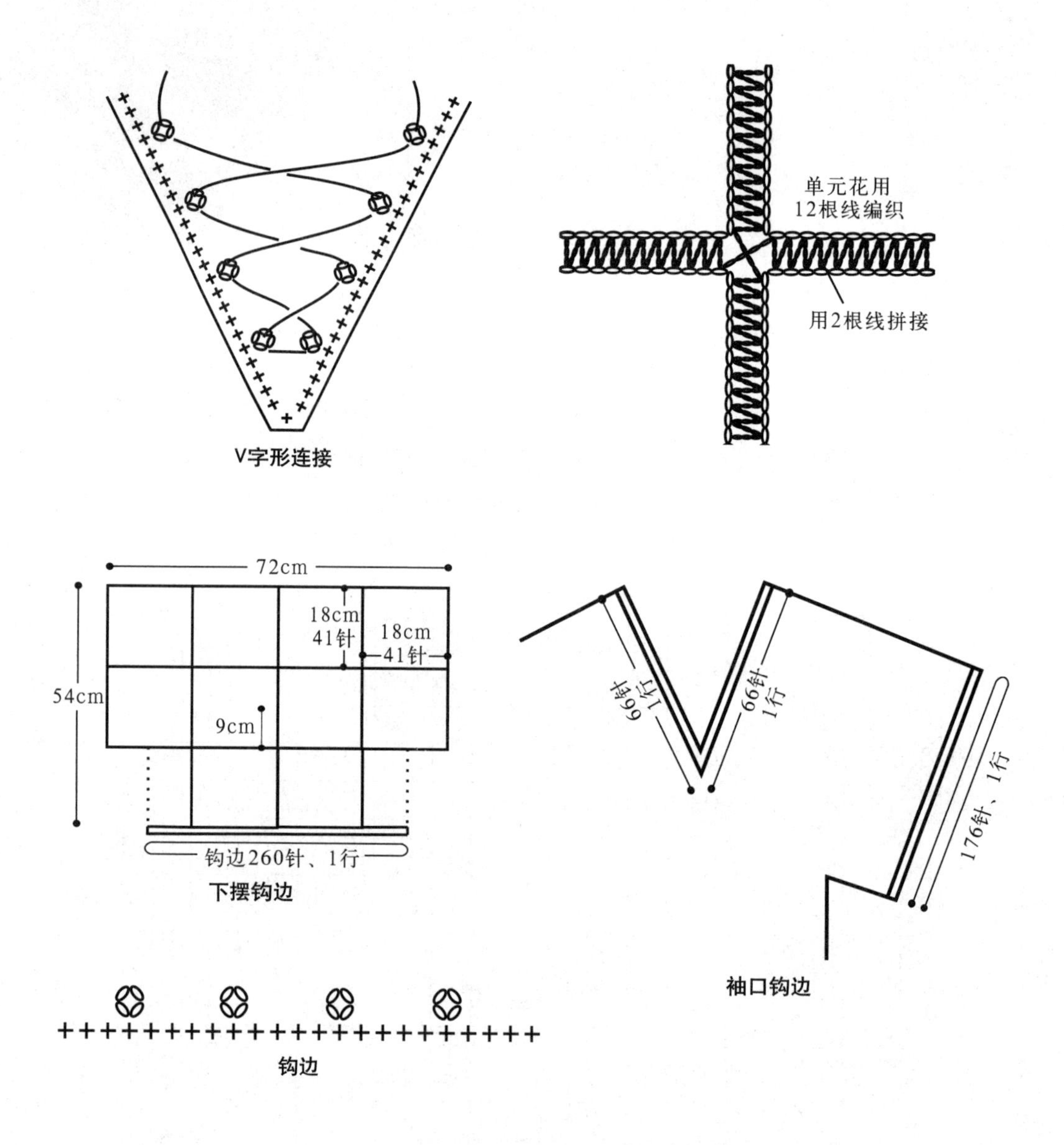

9　彩色page40　编织方法

钩针花边棒针开衫（一）

原　　料　黑色全羊毛线 500 克。

棒针直径　棒针 4mm，钩针 2mm。

规　　格　胸围 90cm，衣长 53.5cm，挂肩 18cm，肩宽 37.5cm，后领口宽 12.5cm，袖长 58.5cm，袖山高 10.5cm，领边、下摆边、袖口边 3.5cm。

组织结构　前衣片、后衣片下段、袖片下段织 5+5 罗纹空花，后衣片、袖片上段织空花，前领边（连前衣片）、后领、下摆边、袖口边均钩花。

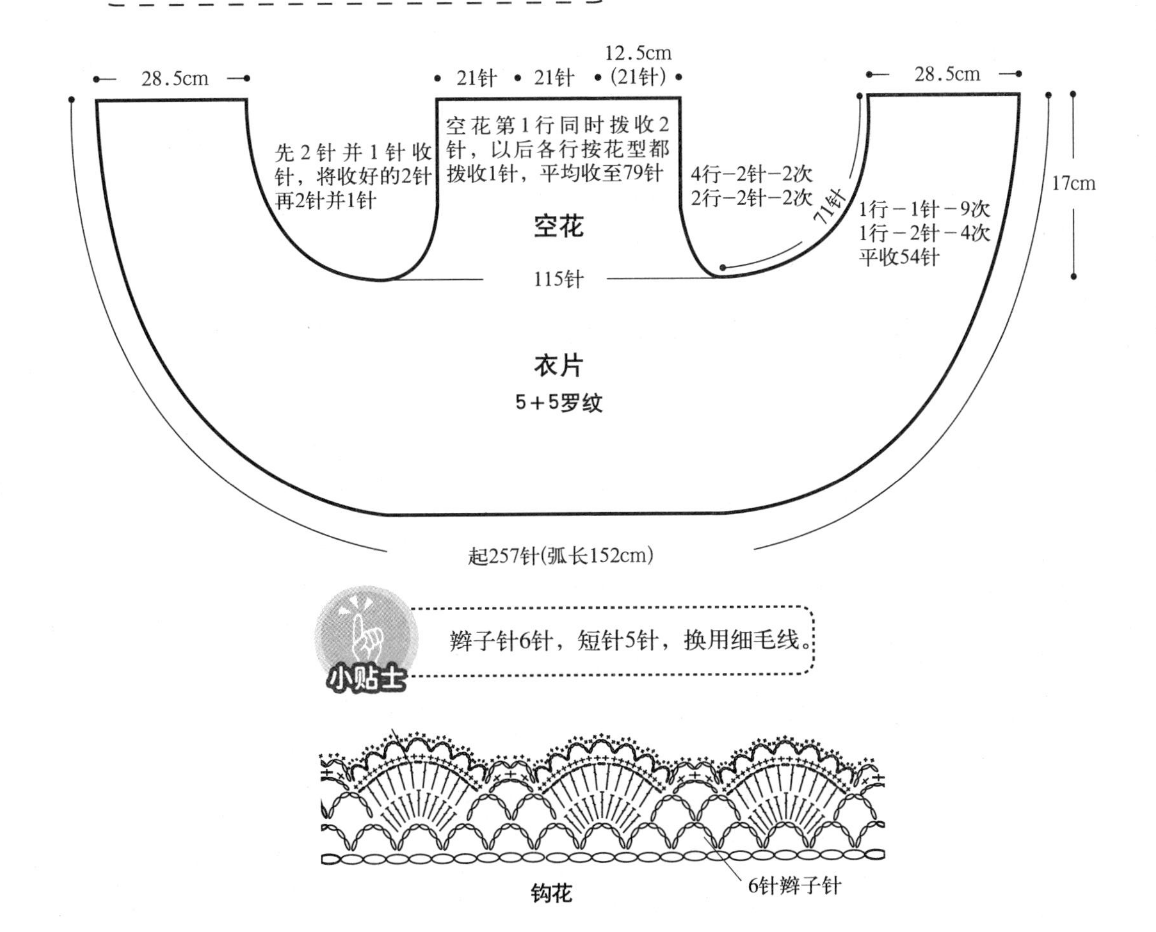

编织要点

前后衣片

❶ 前片连后片下段：用辫子针法起 257 针，织 5+5 罗纹，并每隔 12 行将 5 针下针中的第 2、第 3 针 2 针并 1 针，再加 1 针，形成空花；织到 28.5cm 长，先收 54 针（方法：先并第 1、第 2 针，再并第 3、第 4 针，然后将并好的 2 针再合并成 1 针，依此类推）；再按要求收挂肩；再织后片到另一边，用同样的方法收另一边。

❷ 后片上段：先将后片的 115 针的第 1 行同时拨 2 针、织第 3 针，再将 2 针拨收，再加 1 针，织到行尾。这时针数为 79 针。开始编织空花，并且后挂肩按要求收针，然后平织到 17cm 长，将前后片肩缝部分连接起来。

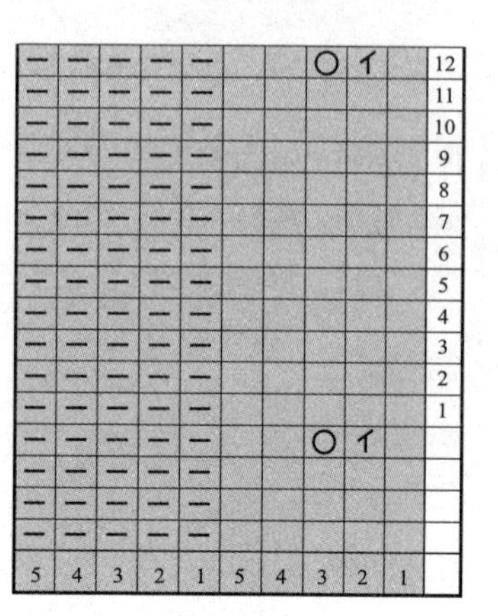

5+5罗纹

后领

沿着后领边缘的 21 针上均匀挑到 52 针，编织 2+2 罗纹，编织 4cm 长均匀加针形成 3+3 罗纹，再编织 4cm 长到 4+4 罗纹，继续到 5+5 罗纹，并挑空花，编织到 16cm 长，最后用辫子针法收针。并把领片两边与左右前衣片上端缝合起来。

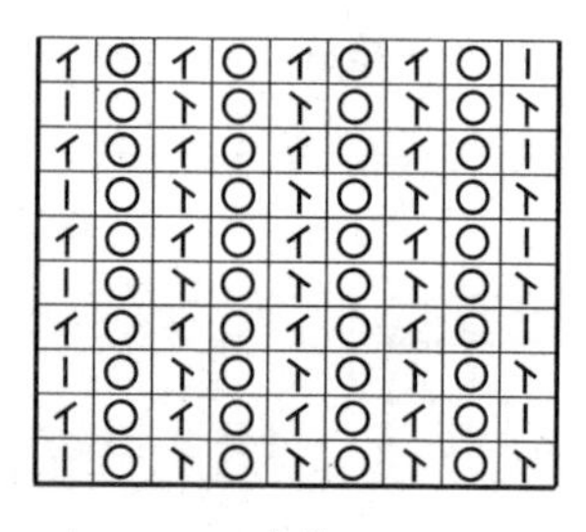

空花

袖子

❶ 用辫子针起 80 针，编织圆筒形 5+5 罗纹空花组织，且每 5cm 均匀收 8 针（收在上针部分），收 4 次到 48 针，再平织 6.5cm，此时长度为 26.5cm。

❷ 开始编织袖身上段空花花型，第 1 行收到 45 针，来回编织空花花型到 18cm 长。

❸ 开始按要求收袖山部分，最后平收剩余 19 针，此时袖山高 10.5cm。

❹ 将袖底上段用钩针辫子针法缝合成圆筒形，并将 2 个袖子拼接到衣身上。

下摆 领边 袖口边

❶ 用钩针沿着领边、下摆边和袖口边钩花，第 1 行钩 6 针辫子针形成网格，沿底边 1 针隔 1 针用拉针连接。

❷ 第 2 行钩 2 个 6 针辫子针组成的网格与第 1 行网格错开连接、11 针长针（插入第 1 行后左边的网格内）、用拉针与第 1 行左边的网格连接，以后重复。

❸ 第 3 行钩 1 个 6 针辫子针组成的网格，与前 1 行网格连接，再 2 针辫子针、1 针长

针，重复到第 10 针长针、第 11 个 2 针辫子针，与前 1 行左边网格用拉针连接，以后重复。

❹ 第 4 行沿着前 1 行边缘钩 1 行短针，在前 1 行 2 针辫子针上分别钩 2 针短针，网格上钩 3 针短针，以后重复。

❺ 第 5 行沿着边缘钩由 6 针辫子针组成的网格，每 3 针短针上分布 1 个网格，扇形的两端 2 个网格分别是 4 针。

❻ 第 6 行在前 1 行每个网格内钩 5 针短针，两端 4 针的网格内钩 3 针短针，到结束。

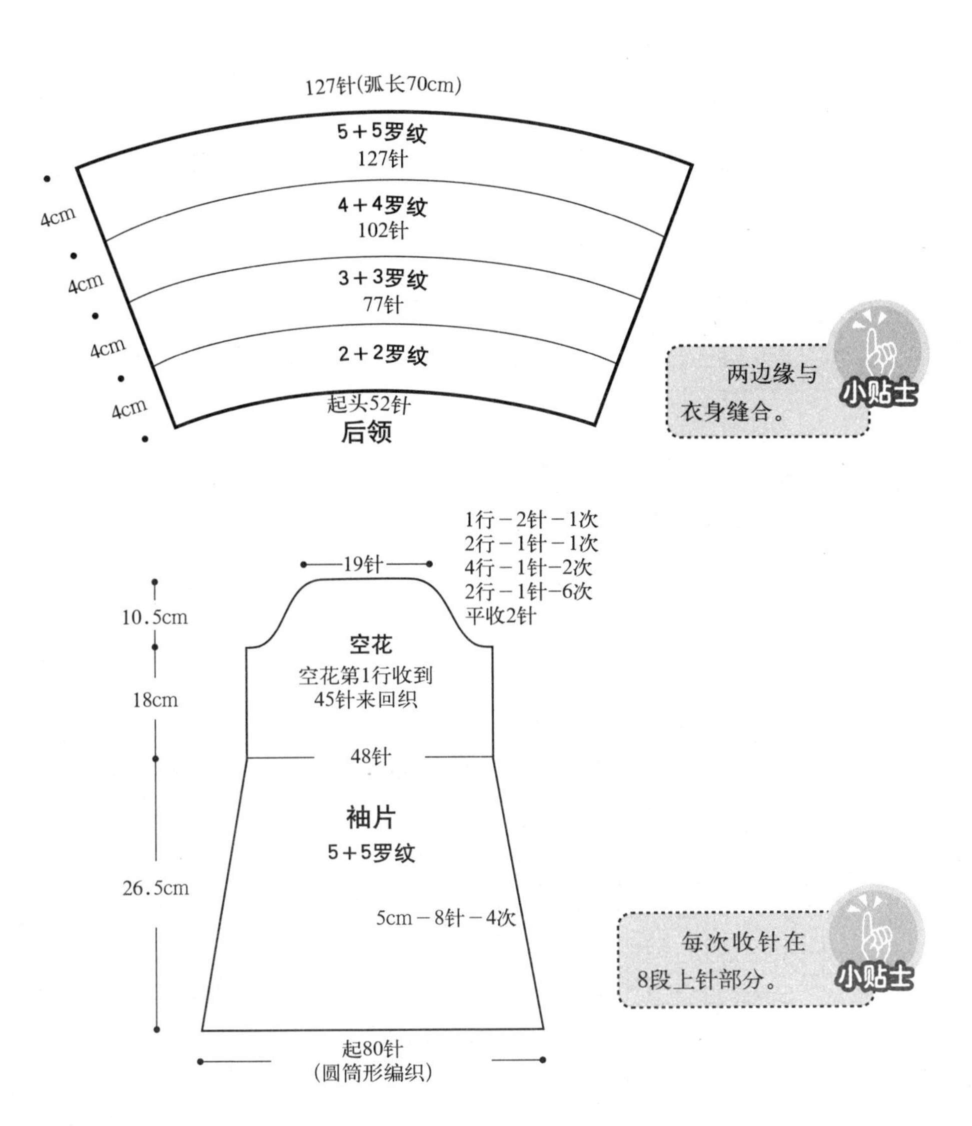

20 彩色page42 编织方法

绞花帽（二）

原　　料 16 根（帽边用 12 根）羊毛开司米与 1 根金属丝并织，共 150 克。

棒针直径 4.5mm（边）、6.5mm 。

规　　格 最大直径 29cm，帽深 21cm，帽边 25cm×3cm。

编织要点

❶ 用 4.5mm 棒针 12 根毛线上下针法起针 78 针，第 1 行上针挑、下针织，第 2 到 8 行织 1+1 罗纹，帽边完成。

❷ 第 9 行均匀加 24 针到 102 针（6 个花宽），为下 1 行编织花型作准备。

❸ 增加 4 根毛线（共 16 根）并换用 6.5mm 棒针开始编织绞花花型，加针处编织扭针。

❹ 起始每个花宽 17 针，总行数 37 行。

❺ 根据个人嗜好，可以做个球球在帽顶。

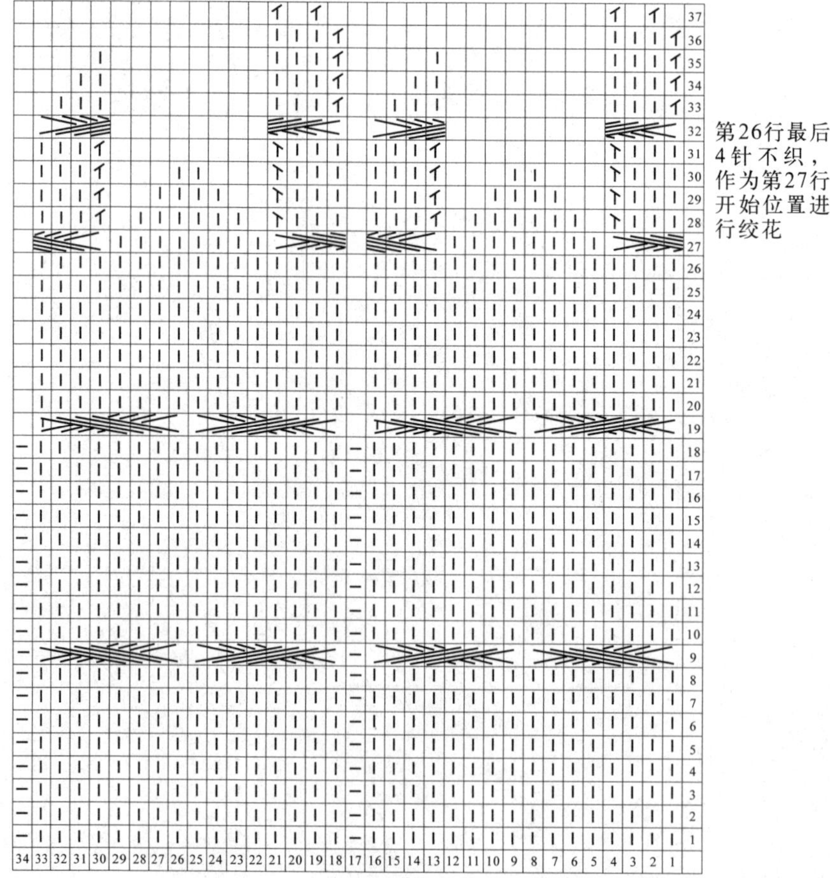
第26行最后4针不织，作为第27行开始位置进行绞花

绞花花型

17 彩色page42 编织方法 绞花帽（一）

彩色page42

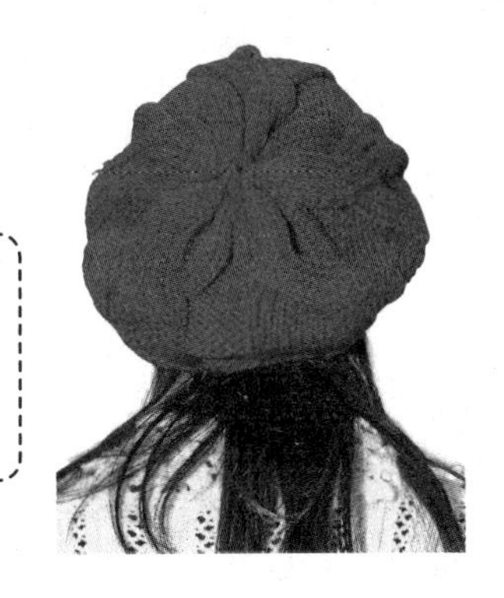

原　　料　羊毛线 150 克。

棒针直径　4mm（边）、5.5mm。

规　　格　最大直径 29cm，帽深 23cm，帽边 24cm ×3cm。

编织要点

❶ 用 4mm 棒针 18 根羊毛线上下针起针 82 针，1 行空转，然后编织 1+1 罗纹 3cm 长。

❷ 换用 5.5mm 棒针，用 24 根毛线编织，并均匀加针到 110 针，同时分成 5 个花型，每个花型 22 针，其中 16 针下针，6 针上针。

❸ 然后按编织图编织花型。

❹ 最后收到 20 针，用毛线将 20 个线圈穿起，抽紧锁住。

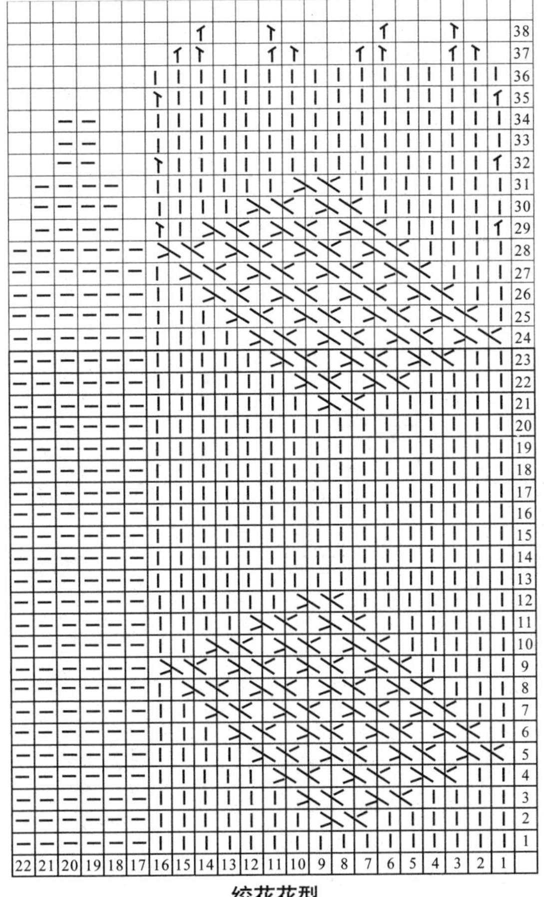

绞花花型

编织衫产品规格测量方法

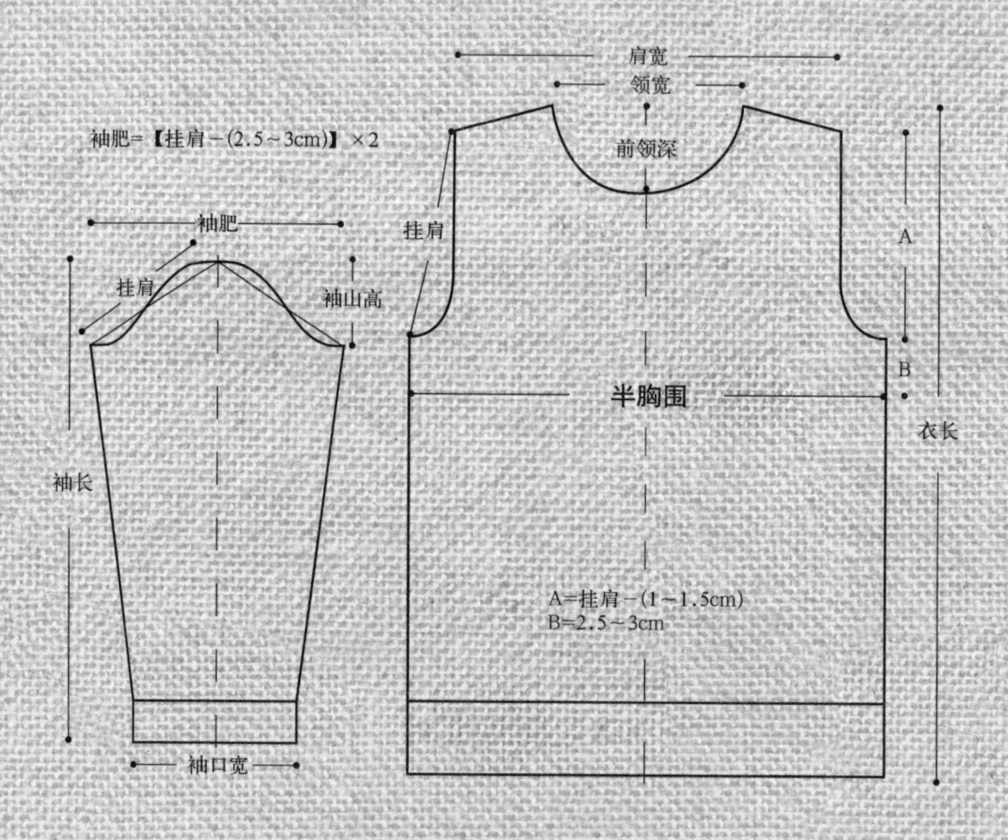